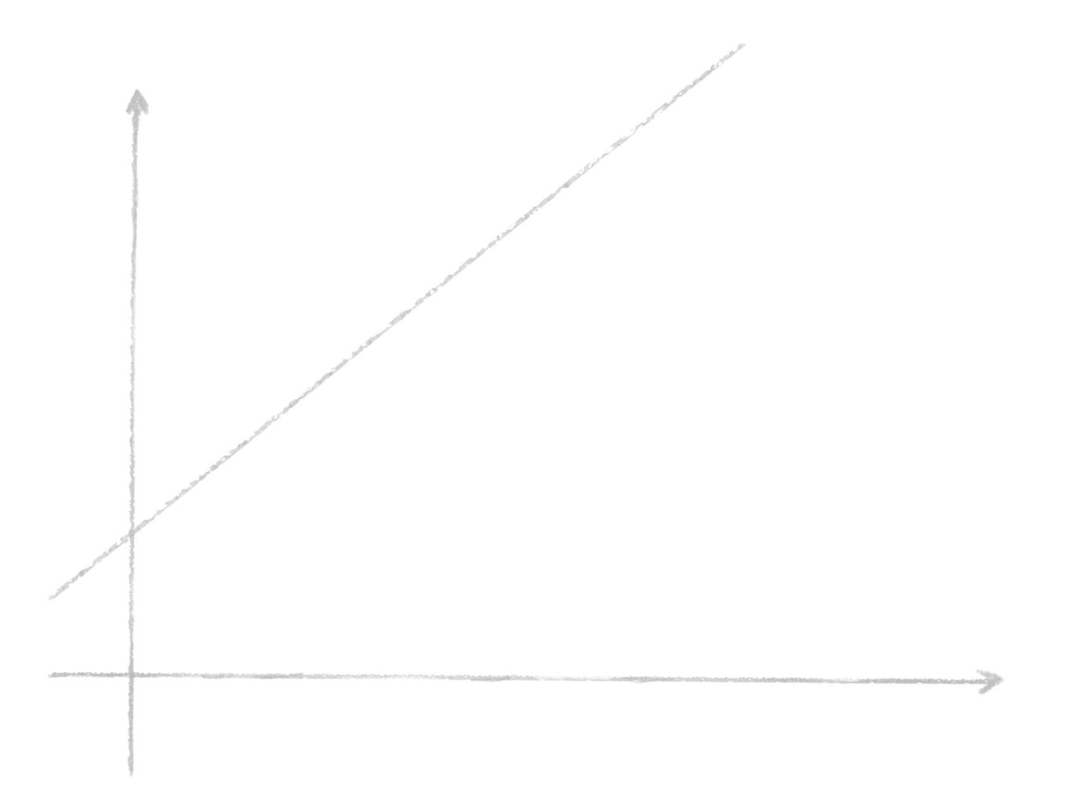

Das Mathematikbuch 7

Lernumgebungen

von

Walter Affolter
Guido Beerli
Hanspeter Hurschler
Beat Jaggi
Werner Jundt
Rita Krummenacher
Annegret Nydegger
Beat Wälti
Gregor Wieland

bearbeitet von

Ingrun Behnke, Witten
Lothar Carl, Detmold
Katrin Eilers, Hannover
Barbara Krauth, Darmstadt
Eckhard Lohmann, Hamburg
Hartmut Müller-Sommer, Vechta
Matthias Römer, Saarbrücken
Claudia Bärenfänger, Hanau

Ernst Klett Verlag
Stuttgart · Leipzig

Das Mathematikbuch 7, Lernumgebungen

Begleitmaterial:
Das Mathematikbuch – Arbeitsheft (ISBN 978-3-12-700172-3)

Bildquellenverzeichnis

Umschlag.1 iStockphoto (RF/Mark Kalkwarf), Calgary, Alberta; **6** Corbis (Frans Lanting), Düsseldorf; **6.2** plainpicture GmbH & Co. KG (Jan Knoff), Hamburg; **7.1** Fotolia LLC (Eric Isselée), New York; **7.2; 7.3** ARDEA London Limited, London; **9.12** Klett-Archiv (Simianer & Blühdorn), Stuttgart; **12.18** Corbis, Düsseldorf; **13.19** Klett-Archiv (Simianer & Blühdorn), Stuttgart; **14.1** shutterstock, New York, NY; **14.3** BPK, Berlin; **14.4** SCALA GROUP S.p.A., Antella (Firenze); **16.24** Casio GmbH, Norderstedt; **17.2** iStockphoto (Predrag Novakovic), Calgary, Alberta; **18.1; 18.2; 18.3** EZB, Frankfurt; **18.4; 18.5; 18.6** Tremp, Stephanie, Zürich; **19.1** iStockphoto (Peter Zvonar), Calgary, Alberta; **20.1** MEV Verlag GmbH, Augsburg; **21.1** MEV Verlag GmbH, Augsburg; **22.1; 22.2; 22.3; 22.4; 22.5** Klett-Archiv (Simianer & Blühdorn), Stuttgart; **23.1; 23.2** laif (Volz), Köln; **24.1** Avenue Images GmbH RF (Stockbyte), Hamburg; **28.1** Tremp, Stephanie, Zürich; **30.1; 30.2** Tremp, Stephanie, Zürich; **31.1; 31.2** Tremp, Stephanie, Zürich; **32.1; 32.2** Tremp, Stephanie, Zürich; **38.1** Picture-Alliance (Hans-Jürgen Wege), Frankfurt; **38.4** Tremp, Stephanie, Zürich; **39.3** Tremp, Stephanie, Zürich; **40.1** VISUM Foto GmbH (Veit Hengst), Hamburg; **42.2** Getty Images RF (PhotoDisc), München; **44.1; 44.2** Éditions Gallimard, Paris Cedex 07; **47.1** MEV Verlag GmbH, Augsburg; **47.2** shutterstock (Yuri Arcurs), New York, NY; **48.1** Blue Sky (Norman Kent), Gransee; **48.2** Förster, Thomas, Breitungen; **49.1; 49.2** Fotolia LLC (Bergfee), New York; **49.4; 49.5; 49.6; 49.7** VG Bild-Kunst, Bonn; **50.1** iStockphoto, Calgary, Alberta; **50.2** JupiterImages photos.com (photos.com), Tucson, AZ; **50.3** JupiterImages photos.com, Tucson, AZ; **50.4** Ingram Publishing, Tattenhall Chester; **52.2; 52.3; 52.4** Gebr. Märklin & Cie.GmbH, Göppingen; **58.1** Klett-Archiv, Stuttgart; **59.3** Interfoto (AISA), München und Bærtlingstiftelsen, Stockholm; **60.1** Mauritius Images (age), Mittenwald; **61.1** laif (Gamma/Rossi Xavier), Köln; **62.1** iStockphoto (Tom Hahn), Calgary, Alberta; **63.2** iStockphoto, Calgary, Alberta; **64.3; 64.4** Ingo Weidig, Landau; **64.5** Klett-Archiv (KOMAAMOK), Stuttgart; **65.1** Tremp, Stephanie, Zürich; **66.1** Tremp, Stephanie, Zürich; **66.3** VG Bild-Kunst, Bonn 2009; **67.1; 67.2** VG Bild-Kunst, Bonn 2009; **68.1; 68.2** Klett-Archiv (Behnke), Stuttgart; **68.3** Klett-Archiv, Stuttgart; **69.1** Corbis, Düsseldorf; **69.3** Fuchs Ingenieur Beton GmbH & Co. KG, Pleinfeld; **71.1** Fotolia LLC (Tinuviel), New York; **72.1** Ingram Publishing, Tattenhall Chester; **73.1** iStockphoto (YinYang), Calgary, Alberta; **73.2** Geoatlas, Hendaye; **74.1; 74.2** Ullstein Bild GmbH (Granger Collection), Berlin; **75.1** Kompetenzzentrum Technik, Bielefeld; **75.2** Redaktionsbüro Jahr der Mathematik, Berlin

Nicht in allen Fällen war es uns möglich, den Rechteinhaber der Abbildungen ausfindig zu machen. Berechtigte Ansprüche werden selbstverständlich im Rahmen der üblichen Vereinbarungen abgegolten.

1. Auflage 1 5 4 3 2 1 | 14 13 12 11 10

Alle Drucke dieser Auflage sind unverändert und können im Unterricht nebeneinander verwendet werden.
Die letzte Zahl bezeichnet das Jahr des Druckes.

Autorinnen und Autoren: Walter Affolter, CH-Steffisburg; Claudia Bärenfänger, Hanau; Ingrun Behnke, Witten; Guido Beerli, CH-Maisprach; Lothar Carl, Detmold; Katrin Eilers, Hannover; Hanspeter Hurschler, CH-Eschenbach; Beat Jaggi, CH-Biel; Werner Jundt, CH-Bern; Barbara Krauth, Darmstadt; Rita Krummenacher, CH-Adligenswil; Eckhard Lohmann, Hamburg; Hartmut Müller-Sommer, Vechta; Annegret Nydegger, CH-Wichtrach; Matthias Römer, Saarbrücken; Beat Wälti, CH-Thun; Gregor Wieland, CH-Wünnewil

Redaktion: Annegret Weimer, Martina Müller
Mediengestaltung: Jörg Adrion
Umschlaggestaltung: Daniela Vormwald

Layoutkonzeption: Anika Marquardsen, Berlin
Illustrationen: Uwe Alfer, Waldbreitbach
Satz: Satzkiste GmbH, Stuttgart
Reproduktion: Meyle + Müller Medien-Management, Pforzheim
Druck: Offizin Andersen Nexö, Leipzig

Printed in Germany
ISBN 978-3-12-700171-6

Liebe Schülerin, lieber Schüler,

willkommen in der 7. Klasse! Im Mathematikunterricht hast du schon vieles gelernt. Du kennst Brüche, Dezimalbrüche, Prozente und negative Zahlen. Mit allen wichtigen Größen wie Längenmaßen, Gewichten, Raummaßen und Zeitmaßen kannst du sicher rechnen. Vielleicht hast du während der Sommerferien aber auch das eine oder andere vergessen. Die ersten Seiten des Mathematikbuchs helfen dir, dich zu erinnern und einiges zu wiederholen. Viele Begriffe aus Klasse 5 und 6 sowie neue findest du auch zum Nachschlagen im Lexikon.

Lexikon ab Seite 78

Im 7. Schuljahr lernst du mit negativen Zahlen rechnen und übst mit Variablen umzugehen. Im Sachrechnen erwarten dich Themen wie Tierbabys; Verpackungen; Prüfziffern und Wasserverbrauch; du wirst dich auch weiter mit Zusammenhängen zwischen verschiedenen Größen befassen. Und wenn du einmal etwas versäumt hast, kannst du im Inhalt auf Seite 76/77 nachschlagen, was die anderen gelernt haben. Erklärungen findest du im Lexikon ab Seite 78.

Inhalt Seite 76/77

Miteinander lernen

Mit anderen zusammen lernen macht oft mehr Spaß, als allein an den Aufgaben zu sitzen. Die anderen können dir helfen, wenn du etwas nicht verstehst. Oder du erklärst ihnen etwas. Im Mathematikbuch 7 sind wieder viele Aufgaben gemeinsam zu lösen.

Das versteh ich nicht!

Manchmal wirst du etwas nicht auf Anhieb verstehen. So geht es anderen auch. Gib nicht auf. Geh nicht einfach darüber hinweg, als ob nichts wäre. Lies die Aufgabe nochmals aufmerksam durch. Mach dir vielleicht eine Zeichnung dazu, besprich sie mit jemandem aus der Klasse oder frag deine Lehrerin oder deinen Lehrer.

Die Wirklichkeit in Mathematik übersetzen!

Eine Kasse bedeutet:
Aufgabe zum Mathematisieren.

In Lernumgebung 4 lernst du Signor Enrico und seine Fragen kennen. Solche Fragen begegnen dir immer wieder im Mathematikbuch 7, 8 und 9 und manchmal vielleicht auch im Leben.

Werkzeuge

Ein Laptop bedeutet:
Aufgabe, die mit Taschenrechner oder Rechner bearbeitet werden kann.

In den nächsten Jahren wirst du immer öfter den Taschenrechner oder eine mathematische Software auf deinem Rechner benutzen. Wichtig ist, dass du entscheiden lernst, wann sich der Einsatz eines Werkzeugs lohnt.

Im Internet findest du ergänzende Materialien zu den Aufgaben der Lernumgebungen. Einfach auf die Webseite www.klett.de gehen und die entsprechende Nummer in das Feld „Suche“ (oben auf der Seite) eingeben. Unter 700171-0000 findest du eine Übersicht über die Materialien.

Online-Link
700171-0000
Übersicht

Vielleicht ist Mathematik dein Lieblingsfach, vielleicht auch nicht. Wir möchten, dass du mit dem Mathematikbuch möglichst viel und gerne lernst.
Wir hoffen, dass du mit diesem Buch viele Entdeckungen im Reich der Zahlen und Figuren machen kannst. Wir wünschen dir viel Spaß.

1 Kniffligere Aufgaben haben helle Aufgabenkästchen oder graue Teilaufgabenbezeichnungen (**b.**)

L *Dieser zusammenfassende Kommentar einen Überblick, was ihr hier lernt.*

Zuordnung der Lernumgebungen zu den Leitideen

In vielen Lernumgebungen werden mehrere Leitideen angesprochen. Genannt sind sie hier nur unter der wichtigsten Leitidee (grün) und unter der zweitwichtigsten Leitidee (grau).

Zahl

Messen

Einen Überblick über die mathematischen Begriffe, die in den Lernumgebungen erarbeitet werden, findet man im **Inhalt** ab Seite 76. Dort findet auch die Ausweisung fakultativer Inhalte statt.
Ein **Lexikon der mathematischen Begriffe** zum Nachschlagen steht auf den Seiten 78 bis 87.

Raum und Form

Funktionaler Zusammenhang

Daten und Zufall

1 So klein! – So groß!

„Mikro“, „milli“, „zenti“, „dezi“, „hekto“, „kilo“, „mega“ sind Bezeichnungen, die bei Größen verwendet werden. Weißt du, was sie bedeuten?

µ steht für „mikro“ oder ein Millionstel.

Vor der Geburt

Stell dir vor, dass sich aus einer winzigen menschlichen Eizelle mit 150 µm Größe und 1 µg Gewicht ein neues Lebewesen entwickelt, ein neuer Mensch.

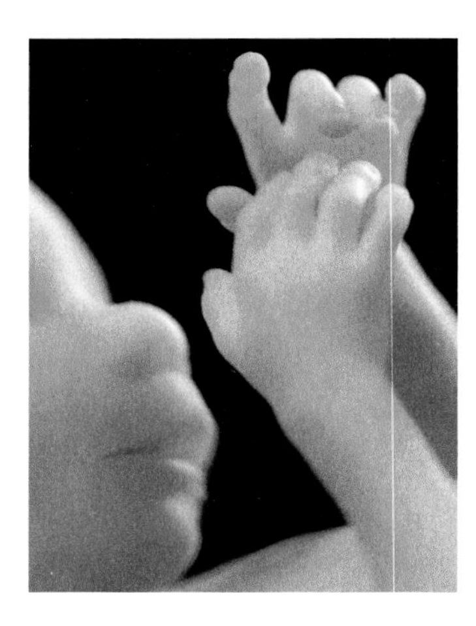

Alter	Länge	Gewicht	Besonderes
Zeugung	150 µm	1 µg	Die Eizelle wird befruchtet.
2 Wochen	0,2 mm		Die Eizelle ist im Uterus eingenistet.
6 Wochen	15 mm		Die Finger und Zehen sind deutlich zu sehen.
10 Wochen	70 mm	28 g	Die Füße sind 1 cm lang.
14 Wochen	16 cm	110 g	Die Fruchtwassermenge ist 250 ml.
18 Wochen		330 g	In 24 Stunden schluckt das Kind etwa 12 ml Fruchtwasser und scheidet 15 ml Urin aus.
22 Wochen	30 cm	670 g	Die Augenwimpern sind zu sehen.
26 Wochen	35 cm	1210 g	Die Füße sind 5,5 cm lang.
30 Wochen	40 cm	1950 g	Die Zehennägel wachsen. Die Fruchtwassermenge ist 1 l.
38 Wochen	51 cm	3400 g	Geburt

Nach der Geburt

Ein Neugeborenes ist durchschnittlich 3400 g schwer und 51 cm lang. Es sucht sofort nach der Brust der Mutter und trinkt an seinem ersten Lebenstag 20 bis 50 ml Flüssigkeit, aufgeteilt auf 8 bis 12 Mahlzeiten. An jedem Tag der ersten Lebenswoche erhöht sich die Trinkmenge. Ab der 2. Lebenswoche trinkt es etwa 500 bis 600 ml pro Tag. Im 2. Monat sind es 600 bis 900 ml, im 3. Monat 600 bis 1000 ml. Danach bleibt die Trinkmenge ungefähr konstant. So nimmt das Neugeborene in den ersten drei Monaten jede Woche 80 bis 300 g an Gewicht zu und wächst durchschnittlich 3,5 cm pro Monat.
Die stillende Mutter braucht selbst viel Flüssigkeit. Sie trinkt mit Leichtigkeit 0,5 l Tee oder Wasser auf einmal. Pro Tag sollte sie bis zu 5 l Flüssigkeit aufnehmen.

1

a. „Mega“, „kilo“ ... sind Bezeichnungen, die bei Größen verwendet werden. Einigen Bezeichnungen bist du in der Tabelle und im Text begegnet. Stelle dar, was sie im Zusammenhang mit Längen, Gewichten und Hohlmaßen bedeuten. Notiere alle Beziehungen, die du bereits kennst. Beispiele:
   - 1 mm = 0,001 m
   - „milli“ bedeutet Tausendstel $\left(\frac{1}{1000}\right)$

b. Verfasse mit den Informationen aus der Tabelle „Vor der Geburt“ einen Text.

c. Übertrage die Informationen aus dem Text „Nach der Geburt“ in eine Tabelle.

d. Mache dir einen Spickzettel und halte einen Kurzvortrag zu einem der beiden Themen.

L *Über Maßeinheiten sowie die Beziehungen zwischen den entsprechenden Größen einen Überblick gewinnen.*

Bei Tieren verläuft die Entwicklung von der Eizelle zum Jungtier ähnlich.

2 Vergleiche die folgenden Informationen miteinander.

Elefant

Die befruchtete Eizelle einer Elefantenkuh misst 0,15 mm und wiegt 1 µg. 20 bis 22 Monate später ist das neugeborene Elefantenbaby bereits 1 m hoch und wiegt 100 bis 150 kg. Es trinkt jeden Tag 10 bis 15 l Muttermilch.
Bis zum Alter von zwei Jahren wird es gesäugt.
Die Elefantenmutter ist bis zu 4 t schwer und 3 m groß. Sie trinkt jeden Tag etwa 80 l Wasser und verschlingt bis zu 150 kg Gras, Laub oder Äste. 16 bis 18 Stunden am Tag verbringt sie mit Fressen.

Berggorilla

Eine Berggorillamutter wirft nach einer Tragzeit von 245 bis 275 Tagen ein 1600 bis 2000 g schweres Baby.
Es wird während der ersten drei Jahre von der Mutter gesäugt, bis es etwa 15 kg wiegt. Die Mutter ist 90 kg schwer und 1,5 bis 2 Meter groß. Sie frisst pro Tag 20 kg Kräuter und Blätter.
Die Gorillafamilie ist von Sonnenauf- bis Sonnenuntergang wach. Sie verbringt 40 % dieser Zeit mit Faulenzen, 30 % mit Fressen und streift die restliche Zeit durch die Wälder.

Känguru

Das neugeborene Känguru krabbelt nach einer Tragzeit von 27 bis 36 Tagen sofort über den Bauch der Mutter in den Beutel. Es ist jetzt 2 bis 3 cm groß und 0,8 g schwer.
Im Beutel saugt es sich an einer Zitze fest. Erst nach rund 200 Tagen ist es mit 2 bis 4 kg kräftig genug für einen ersten Spaziergang. Es schlüpft jedoch immer wieder in den Beutel, besonders bei Gefahr und Hunger. Mit einem Jahr wiegt das Känguru 10 kg. Es ist nun erwachsen und verlässt den Beutel für immer.
Die Kängurumutter ist bis zu 60 kg schwer und 1,8 m lang.
Sie frisst vor allem Gräser und Blätter.

3 Wähle Informationen zur Entwicklung von Lebewesen aus und stelle damit Berechnungsaufgaben zusammen. Bestimme zu jeder Aufgabe die Lösung und stelle deinen Lösungsweg dar. Gib die Aufgaben anderen zum Lösen.

2 Wie viel ist viel?

1 Zentimeter-Würfel

Vieles weist darauf hin, dass es eine Zeit gab, in der die Menschen Anzahlen über vier nicht unt… scheiden und benennen konnten. Sie kannten wahrscheinlich nur Zahlen für „eins“, „zwei“, „drei… und „vier“, größere Anzahlen wurden mit Wörtern wie „viel“ oder „unzählig“ bezeichnet. Noch d… Rechenmeister Adam Ries (1492 – 1559) wusste kein Wort für eine Million. Er umschrieb diese Z… mit „tausend mal tausend“.

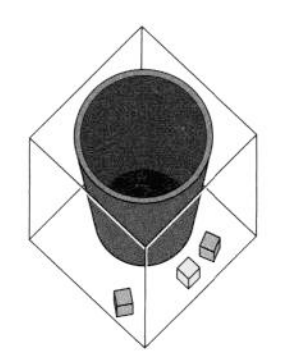

1000 Zentimeter-Würfel
haben in diesem Würfel Platz.

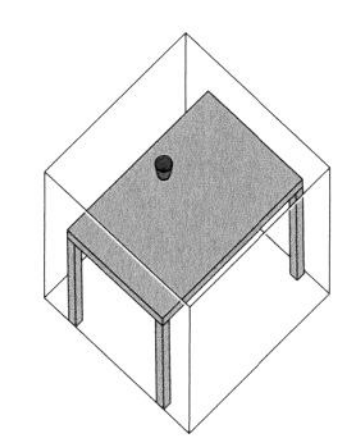

1 000 000 Zentimeter-Würfel
haben in diesem Würfel Platz.

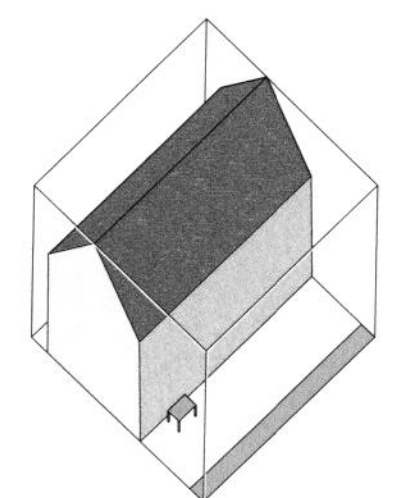

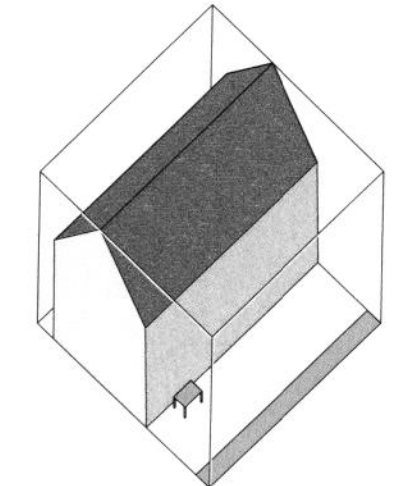

1 000 000 000 Zentimeter-Würfel
haben in diesem Würfel Platz.

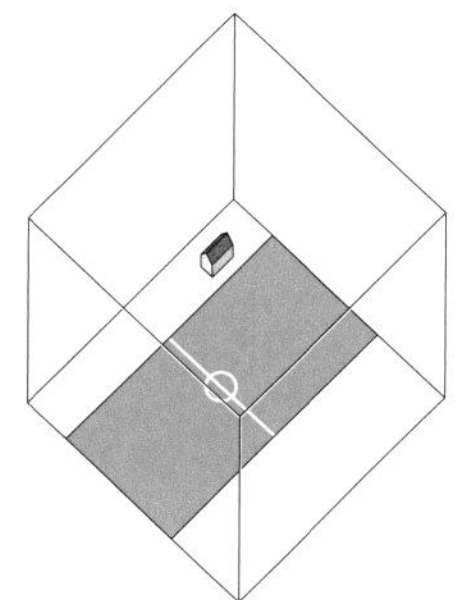

1 000 000 000 000 Zentimeter-Würfel
haben in diesem Würfel Platz.

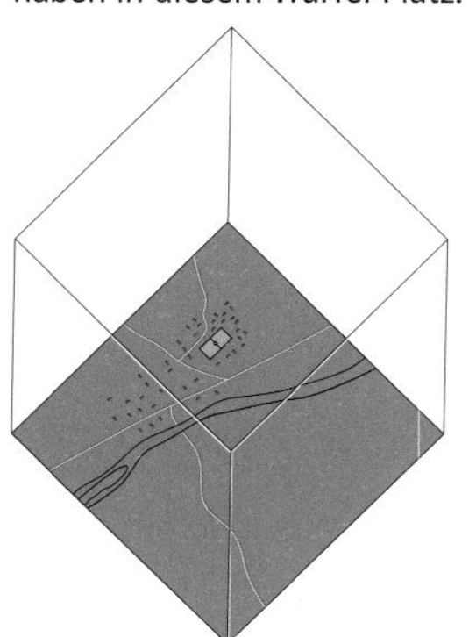

1 000 000 000 000 000 Zentimeter-Würfel
haben in diesem Würfel Platz.

1 Verfasse einen Text zur Bilderfolge links. Setze die Darstellungen zueinander in Beziehung und verwende die Zahlenangaben aus der Tabelle unten.

2 Zehn dicht aneinandergelegte Haare sind etwa 1 mm breit. Überprüft die Schätzung. Denke dir eine Million Haare nebeneinander. Das sind sämtliche Kopfhaare von etwa zehn Menschen.

a. Wie breit wird der Streifen etwa?

b. Wie breit würde der Streifen bei einer Milliarde, bei einer Billion Haare etwa?

3 Wie lang wird eine Menschenkette ungefähr, wenn sich

a. alle Schüler und Schülerinnen deiner Klasse die Hand reichen?

Wie lang würde die Kette ungefähr, wenn sich

b. alle Menschen in deinem Dorf oder deiner Stadt,

c. alle 82 Millionen Menschen in Deutschland,

d. alle 7 Milliarden Menschen der Erde die Hand reichten?

Um große Zahlen einfacher schreiben zu können, kürzt man sie mithilfe von Zehnerpotenzen ab. Der Exponent (die Hochzahl) gibt an, wie oft der Faktor 10 in der Zahl vorkommt.

1000	**Tausend**	10^3	10 · 10 · 10
1 000 000	**Million**	10^6	10 · 10 · 10 · 10 · 10 · 10
1 000 000 000	**Milliarde**	10^9	10 · 10 · 10 · 10 · 10 · 10 · 10 · 10 · 10
1 000 000 000 000	**Billion**	10^{12}	10 · 10 · 10 · … · 10 · 10 · 10
1 000 000 000 000 000	**Billiarde**	10^{15}	10 · 10 · 10 · … · 10 · 10 · 10
1 000 000 000 000 000 000	**Trillion**	10^{18}	10 · 10 · 10 · … · 10 · 10 · 10
1 000 000 000 000 000 000 000	**Trilliarde**	10^{21}	10 · 10 · 10 · … · 10 · 10 · 10

4 Schreibe die Ergebnisse in Wortform und als Zahl mit und ohne Potenzschreibweise.

a. Tausend mal tausend
Tausend mal eine Million
Tausend mal eine Milliarde
Tausend mal eine Billion
…

b. tausend Tausender
eine Million Millionen
eine Million Billionen
eine Million Trillionen
…

c. Nach einer Trilliarde geht es noch weiter. Finde heraus, wie.

L *Vorstellungen zu großen Zahlen aufbauen.*
Zahlworte von großen Zahlen und ihre Schreibweise kennen.

5

a. Schätze zunächst, wie viele Sandkörner sich in dem größten Glas befinden.
b. In einem Glas mit 2 cl befinden sich ungefähr 50 000 Sandkörner.
Wie viele Sandkörner sind dann im mittleren Glas mit 0,2 l, in einer 1-l-Flasche?
Wie viele Sandkörner befinden sich in dem größten Glas?

Online-Link
700171-0201
Bild und Stellentafel

6

a. Welche Zahlen sind in der Stellentafel dargestellt?
Lies sie laut vor und schreibe sie als Zahl ohne Potenzschreibweise.
b. Welche Zahlen kannst du jeweils erhalten, wenn du einen der Punkte wegnimmst?
Schreibe sie auf.

	10^{12}	10^{11}	10^{10}	10^{9}	10^{8}	10^{7}	10^{6}	10^{5}	10^{4}	10^{3}	10^{2}	10^{1}	10^{0}
1.	•			••			•••						
2.							•			••			•••
3.		•	••	•••	•	••	•••	•	••	•••			
4.	•	••											
5.		•	••										
6.			•	••									
7.				•	••								
8.							•	••					

Wie viele Nadeln hat eine etwa 5 m hohe Tanne?
Diese Frage kann man nicht exakt beantworten. Überlegungen können dennoch zu einer vernünftigen Größenordnung führen. Solche Fragen nennt man „Fermi-Fragen“. Mehr darüber erfahrt ihr in der übernächsten Lernumgebung. Begründet eure Schätzung zu obiger Frage.

3 minus mal minus

Kann man negative Zahlen miteinander multiplizieren? Du weißt schon, dass $7 \cdot (-6) = -42$ ist, aber was ergibt $(-7) \cdot (-6)$? 42 oder -42 oder ...?

•	5	3	
5			
4			
			72

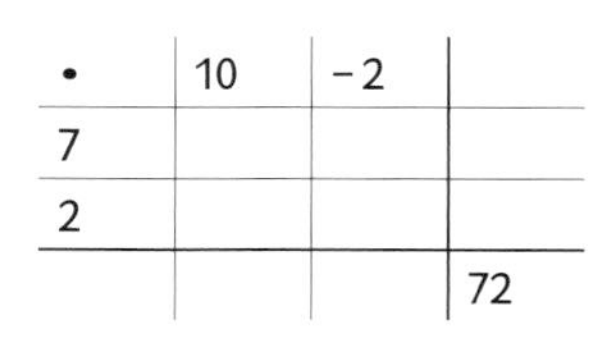

•	10	−2	
7			
2			
			72

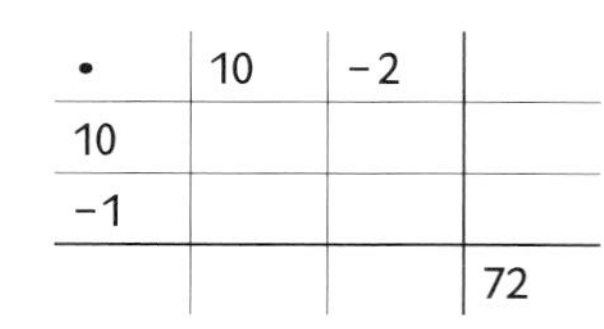

•	10	−2	
10			
−1			
			72

•	12	−4	
11			
−2			
			72

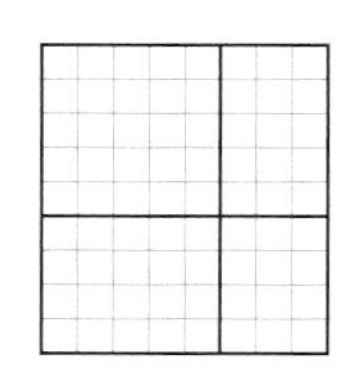

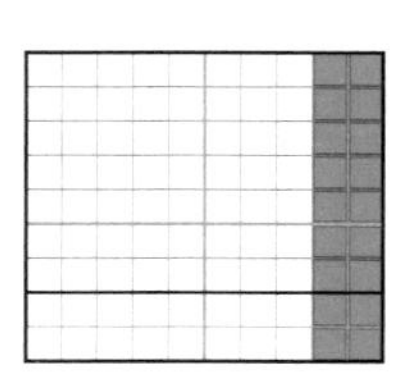

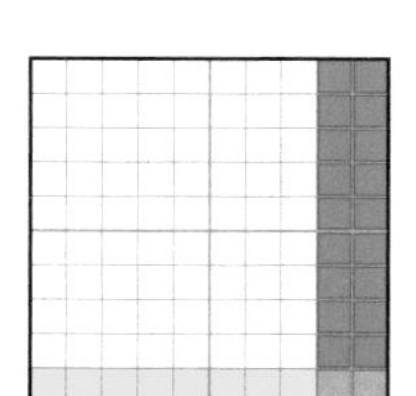

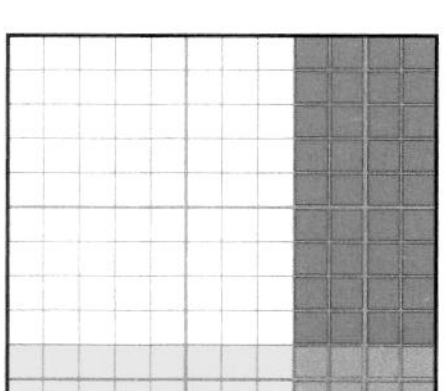

Jedes der vier Malkreuze beschreibt die Rechnung $8 \cdot 9$. Ebenso jedes der vier Rechtecke.

1

a. Übertrage die vier Malkreuze in dein Heft. Welche Zwischenergebnisse müssen in den Feldern stehen? Begründe.

b. Übertrage ebenso die Rechtecke. Vergleicht die Malkreuze mit den Rechtecken. Erklärt die Beziehung zwischen Malkreuz und Rechteck.

c. Erfindet weitere Malkreuze mit dem Ergebnis 72 und zeichnet jeweils ein passendes Rechteck.

Terme mit und ohne Klammern

$18 \cdot 19 = (10 + 8) \cdot (10 + 9) = (20 - 2) \cdot (20 - 1) = (15 + 3) \cdot (21 - 2) = \dots$

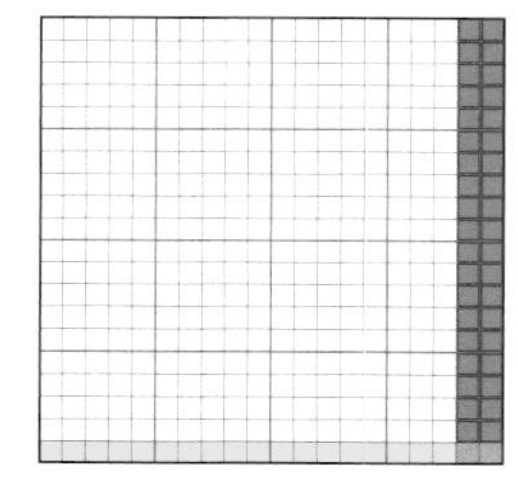

2 Kommentiere das Rechteck links. Was hat es mit den Termen $(20 - 2) \cdot (20 - 1)$ und $400 - 40 - 20 + 2$ zu tun?

3

a. Jeder der folgenden Terme stellt die Rechnung $28 \cdot 29$ dar.

A $(20 + 8) \cdot (20 + 9)$ **B** $(20 + 8) \cdot (30 - 1)$

C $(30 - 2) \cdot (30 - 1)$ **D** $(30 - 2) \cdot (20 + 9)$

Welchen wählst du, um das Ergebnis im Kopf zu berechnen? Begründe deine Entscheidung.

Welches Modell (Malkreuze, Rechteck oder Term) wählst du zum Rechnen?

Welches wählst du, um daran die Rechenregeln zu begründen?

b. Stelle die Aufgaben **A** $48 \cdot 29$ **B** $32 \cdot 39$ **C** $53 \cdot 22$ jeweils mithilfe eines von dir gewählten Modells (Malkreuz oder Rechteck) und des entsprechenden Terms mit und ohne Klammern dar. Begründe die benutzten Rechenregeln.

c. Welches Modell hilft dir am besten zu begründen, warum „minus mal minus" „plus" ergibt?

Tipp

Wenn du Fachbegriffe wie hier z. B. „Term" nicht mehr kennst, findest du im Lexikon (ab S. 78) Erklärungen.

L *Multiplikationen unterschiedlich darstellen;*
Regeln zur Multiplikation rationaler Zahlen begründen und anwenden.

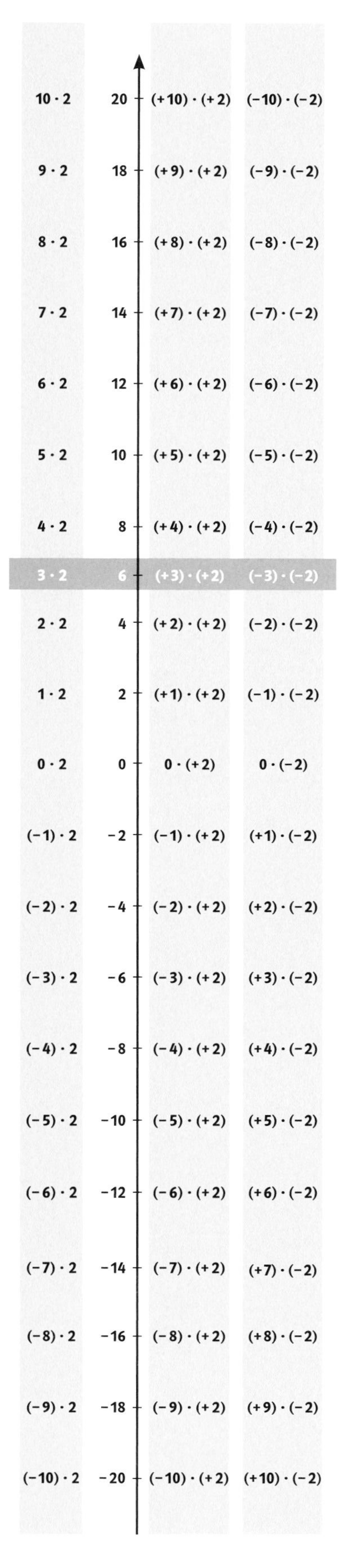

4 Berechne die Werte mithilfe von Termen.

a. $19 \cdot 17$ b. $14 \cdot 15$ c. $29 \cdot 19$ d. $39 \cdot 29$
e. $38 \cdot 29$ f. $29 \cdot 31$ g. $19 \cdot 21$ h. $99 \cdot 101$

5

a. Betrachte die Abbildung links. Erkläre die Zusammenhänge in den Zeilen und in den Spalten.
b. Multipliziere der Reihe nach die Zahlen 5; 4; 3; 2; 1; 0; −1; −2; −3; −4; −5 mit 3.
c. Multipliziere der Reihe nach die Zahlen 5; 4; 3; 2; 1; 0; −1; −2; −3; −4; −5 mit −3.
d. Beobachte, wie sich bei b. und c. die Ergebnisse verändern. Was stellst du fest?
e. Was glaubst du, welche Ergebnisse du erhältst, wenn du die Zahlen 5; 4; 3; 2; 1; 0; −1; −2; −3; −4; −5 der Reihe nach durch 3 (durch −3) dividierst? Begründe.
f. Was glaubst du, welche Ergebnisse du erhältst, wenn du die Zahl −3 der Reihe nach durch die Zahlen 5; 4; 3; 2; 1; 0; −1; −2; −3; −4; −5 dividierst? Begründe.
g. Warum kann man bei e. die Aufgabe $(-3) : 0$ nicht berechnen?
h. Vervollständige den Satz: „Wenn ich eine negative Zahl mit einer positiven multipliziere, ...“
Bilde weitere solche Sätze.

6

a. Multipliziere der Reihe nach die Zahlen
5; 4; 3; ... ; −4; −5 mit $\frac{1}{4}$.
b. Multipliziere die gleichen Zahlen wie in a. mit $-\frac{1}{4}$.
c. Multipliziere $\frac{1}{1}$; $\frac{1}{2}$; $\frac{1}{3}$; $\frac{1}{4}$; ... mit −6.
d. Multipliziere $-\frac{1}{1}$; $-\frac{1}{2}$; $-\frac{1}{3}$; $-\frac{1}{4}$; ... mit −6.
e. Erkläre die Ergebnisse aus a. bis d.

7

a. Dividiere die Zahl 4 der Reihe nach durch
16; 8; 4; 2; 1; $\frac{1}{2}$; ...
b. Dividiere die Zahl 4 der Reihe nach durch
−16; −8; −4; −2; −1; $-\frac{1}{2}$; ...
c. Was beobachtest du in a. und in b.? Begründe.
Was hat dies mit der Division durch null zu tun?

4 Signor Enrico lässt fragen

Enrico Fermi (1901 – 1954) war Nobelpreisträger und einer der bedeutendsten Physiker des 20. Jahrhunderts. Er pflegte seinen Studierenden eigenartige Fragen zu stellen. Diese stammten keineswegs bloß aus seinem Fachgebiet. Auf den ersten Blick schienen sie oft gar nicht beantwortbar zu sein. Fermi war der Meinung, ein guter Physiker – und überhaupt ein denkender Mensch – müsse zu jeder Frage eine Antwort finden. Bei seinen Fragen ging es nicht um absolut exakte Ergebnisse. Vielmehr legte er Wert auf die Methode, mit der man die richtige „Größenordnung" herausfinden konnte. Seine wohl bekannteste Frage lautete: „Wie viele Klavierstimmer gibt es in Chicago?"

1

a. Solche Fermi-Fragen könnt auch ihr finden, wie das Beispiel von Peter zeigt.

Peter erzählt:
„Bei uns zu Hause tropft immer ein Wasserhahn.
Sicher verlieren wir viel Wasser und viel Geld in einem Jahr."

Findet zusammen heraus, wie viel das etwa sein könnte.

Zur Information:
- $1\,m^3$ Trinkwasser kostet für einen Haushalt etwa 4 Euro.
- $1\,m^3$ Warmwasser kostet etwa 8 Euro.

b. Durch den Einsatz einer Spartaste beim Spülen der Toilette wird das verbrauchte Wasser von z. B. 9 l auf 3 l pro Spülgang reduziert. Wie groß ist die Ersparnis einer 5-köpfigen Familie im Laufe eines Jahres? Wie groß ist die Ersparnis für alle Familien deiner Klasse pro Jahr?

2 Eine Schulklasse hat in Gruppen folgende Fermi-Fragen bearbeitet:
Welche Fläche könnte man mit dem Papier bedecken, das für den „Tages-Anzeiger" während eines Jahres gebraucht wird?
Auf der rechten Seite seht ihr drei Gruppenarbeitsergebnisse.
Versucht zu verstehen, wie die Gruppen vorgegangen sind.
- Welche Zahlen auf den Plakaten sind exakt?
- Welche Zahlen sind gemessen?
- Welche Zahlen sind geschätzt?
- Welche Zahlen sind berechnet?

Vergleicht eure Feststellungen.

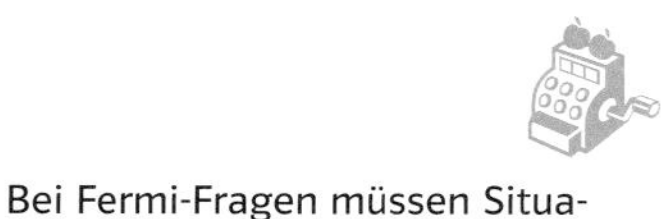

Bei Fermi-Fragen müssen Situationen in Mathematik übersetzt werden, wie z. B. beim Einkaufen an der Kasse nur noch der Preis zählt. Dieses Symbol findet ihr auch in Zukunft an Fermi-Aufgaben.

3 Bearbeitet eine dieser Fermi-Fragen:

a. Wie viele Kilogramm Lebensmittel braucht eine Person in einem Jahr? In ihrem Leben?

b. Wie viele Kilometer legst du pro Tag zu Fuß zurück? Wie viele in einem Jahr? Würde das in 20 Jahren einmal um die Erde reichen?

c. Wie viel kosten die Zigaretten, die ein Raucher im Laufe seines Lebens kauft? Wie viel Geld geht pro Jahr in Deutschland in „blauen Dunst" auf?

d. Wie viele Liter Wasser regnet es während eines Jahres auf Deutschland herunter?

4 Erfindet eigene Fermi-Fragen und beantwortet sie.

L *Situationen mathematisieren, Größenvorstellungen entwickeln und Ergebnisse auf sinnvolle Genauigkeit beurteilen.*

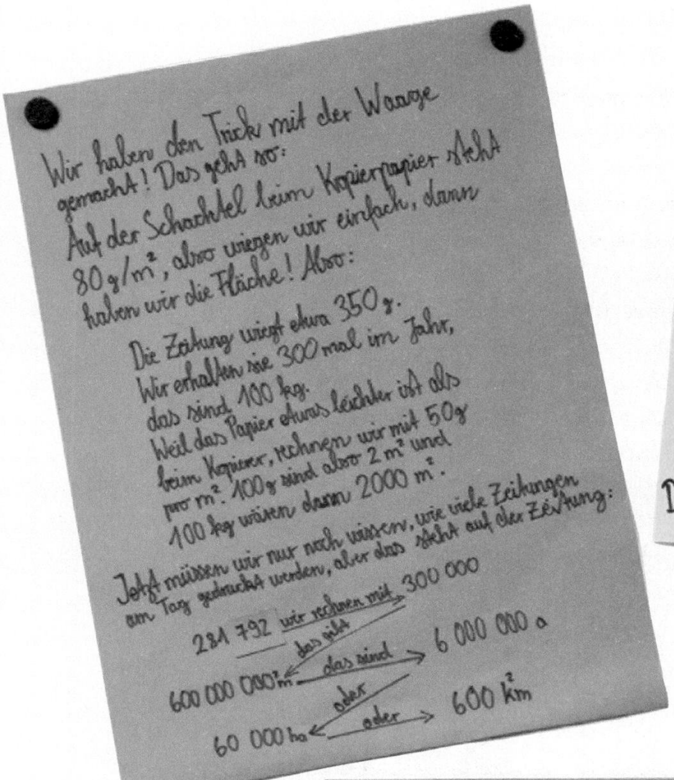

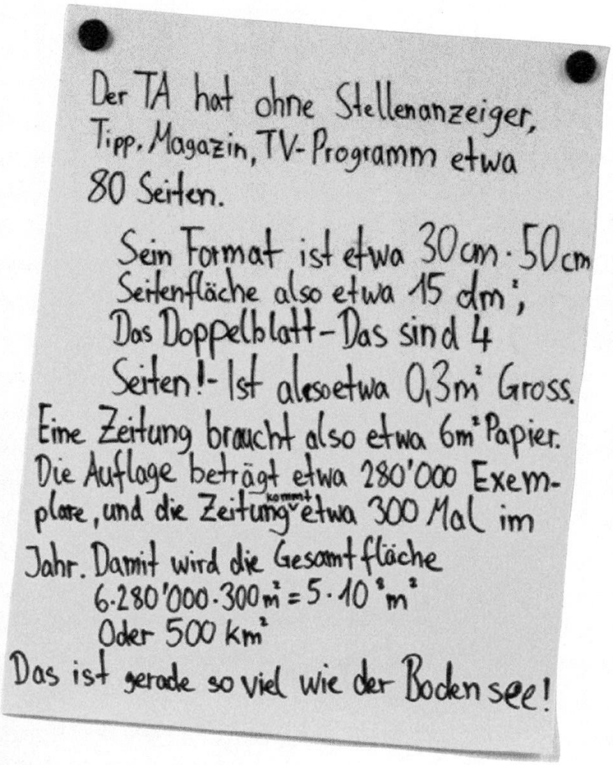

Der TA hat ohne Stellenanzeiger, Tipp. Magazin, TV-Programm etwa 80 Seiten.

Sein Format ist etwa 30 cm · 50 cm
Seitenfläche also etwa 15 dm²;
Das Doppelblatt – Das sind 4 Seiten! – Ist alsoetwa 0,3 m² Gross.

Eine Zeitung braucht also etwa 6 m² Papier.
Die Auflage beträgt etwa 280'000 Exemplare, und die Zeitung kommt etwa 300 Mal im Jahr. Damit wird die Gesamtfläche

$6 \cdot 280'000 \cdot 300\,m^2 = 5 \cdot 10^8\,m^2$

Oder 500 km²

Das ist gerade so viel wie der Bodensee!

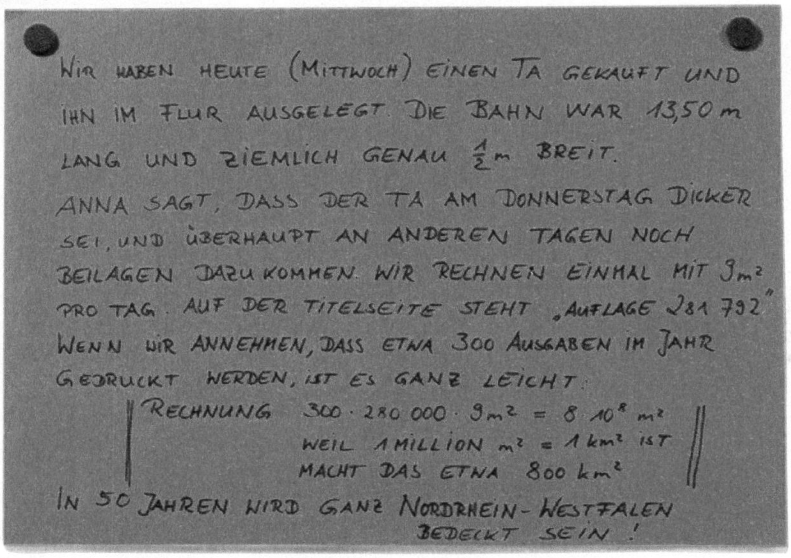

Wir haben den Trick mit der Waage gemacht! Das geht so:
Auf der Schachtel beim Kopierpapier steht 80 g/m², also wiegen wir einfach, dann haben wir die Fläche! Also:

Die Zeitung wiegt etwa 350 g.
Wir erhalten sie 300 mal im Jahr, das sind 100 kg.
Weil das Papier etwas leichter ist als beim Kopierer, rechnen wir mit 50 g pro m². 100 g sind also 2 m² und 100 kg wären dann 2000 m².

Jetzt müssen wir nur noch wissen, wie viele Zeitungen am Tag gedruckt werden, aber das steht auf der Zeitung:

281 792 —wir rechnen mit→ 300 000 —das gibt→ 600 000 000 m² —das sind→ 6 000 000 a —oder→ 60 000 ha —oder→ 600 km²

Wir haben heute (Mittwoch) einen TA gekauft und ihn im Flur ausgelegt. Die Bahn war 13,50 m lang und ziemlich genau $\frac{1}{2}$ m breit.
Anna sagt, dass der TA am Donnerstag dicker sei, und überhaupt an anderen Tagen noch Beilagen dazukommen. Wir rechnen einmal mit 9 m² pro Tag. Auf der Titelseite steht „Auflage 281 792"
Wenn wir annehmen, dass etwa 300 Ausgaben im Jahr gedruckt werden, ist es ganz leicht:

Rechnung $300 \cdot 280\,000 \cdot 9\,m^2 = 8 \cdot 10^8\,m^2$
weil 1 Million m² = 1 km² ist
macht das etwa 800 km²

In 50 Jahren wird ganz Nordrhein-Westfalen bedeckt sein!

Online-Link
700171-0401
Schülerlösungen

5 Kalender

Auf welchen Wochentag fällt dein Geburtstag in diesem Jahr? An welchem Wochentag wird er in den folgenden Jahren sein?

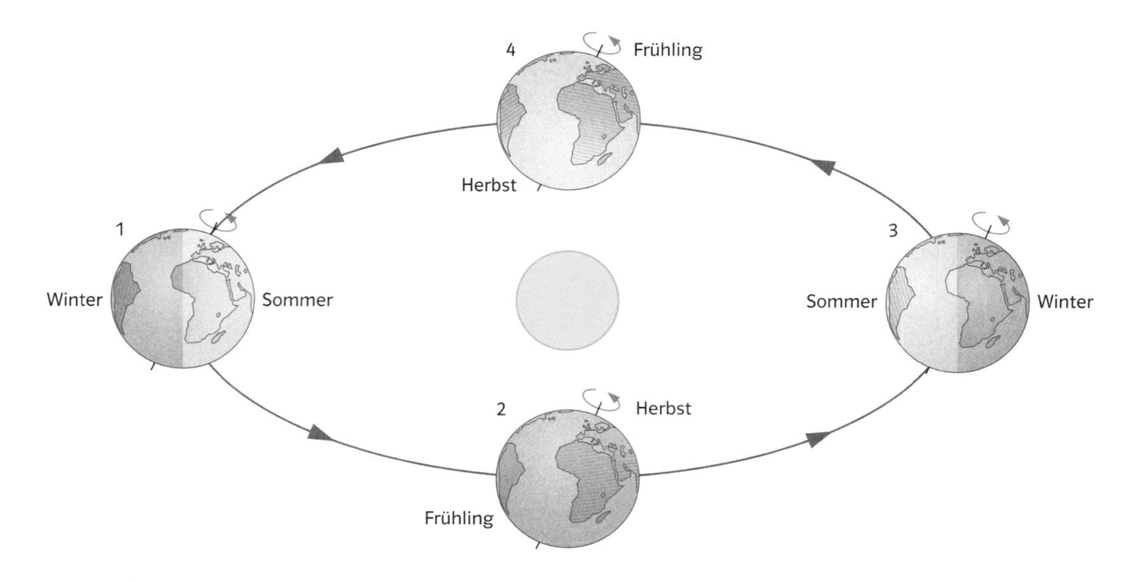

Jahre mit 366 Tagen nennt man Schaltjahre. Der zusätzliche Tag heißt Schalttag.

1 Ein Erden-Jahr dauert ziemlich genau 365 Tage 5 Stunden 48 Minuten und 46 Sekunden.

a. Welchen Vorgang beschreibt so ein Jahr?

b. Matthias meint, dass das genau 365,548 46 Tage sind. Katrin dagegen meint, dass es 365,2422 Tage sind. Wer hat Recht? Begründet.

c. Berechnet, wie viele Schaltjahre man in 5000 Jahren braucht, um den entsprechenden Ausgleich zu schaffen.

Nach dem gregorianischen Kalender ist ein Jahr ein Schaltjahr, wenn die Jahreszahl durch vier teilbar ist, aber nicht durch 100 teilbar ist. Ist die Jahreszahl aber durch 400 teilbar, ist es doch ein Schaltjahr.

2 Julius Cäsar führte 46 vor Christus den nach ihm benannten julianischen Kalender ein, er galt ab dem Jahr 45. Es wurde festgelegt, dass alle vier Jahre ein Schaltjahr sein sollte. Den fünften Monat des Jahres benannte er nach seinen Vornamen. Das war deshalb der fünfte Monat, weil für die Römer das Jahr mit dem März begann, was man heute noch an einigen Monatsnamen ablesen kann (z. B. September – der siebte). Den sechsten Monat benannte dann Kaiser Augustus nach sich. Ursprünglich hatten die Monate im Wechsel 31 und 30 Tage. Augustus gefiel es aber nicht, dass der nach ihm benannte Monat nur 30 Tage hatte. Deshalb soll er kurzerhand den letzen Tag des Jahres genommen haben und ihn in den August einverleibt haben.

a. Wie viele Tage haben die einzelnen Monate? Kennst du eine Eselsbrücke?

b. Erklärt, warum der 29. Februar der Schalttag ist.

c. Wie viele Schaltjahre hätte es nach julianischer Regelung in 2000 Jahren gegeben?

d. Welches Problem entstand durch den julianischen Kalender?

3 Im Jahr 1582 reformierte Papst Gregor XIII. den Kalender.

a. Zunächst ließ er in diesem Jahr auf den 4. Oktober gleich den 15. Oktober folgen. Die dazwischen liegenden Tage wurden ersatzlos gestrichen. Wie hat er wohl gerechnet?

b. Prüft, ob diese Jahre Schaltjahre waren: 1951, 1812, 1800, 1960, 2000, ...

c. Wie viele Schaltjahre erhält man nach dem gregorianischen Kalender in 5000 Jahren?

d. Beim Jahreswechsel gibt es manchmal Schaltsekunden. Könnt ihr das erklären?

e. Erfindet selbst Schaltjahresregelungen.

Doomsday-Tabelle:

Sonntag	1999	**2004**	2010
Montag		2005	2011
Dienstag	**2000**	2006	
Mittwoch	2001	2007	**2012**
Donnerstag	2002		2013
Freitag	2003	**2008**	2014
Samstag		2009	2015

4 Der letzte Tag eines Jahres nach römischer Zählung, also der 28. oder 29. Februar, wird auch Doomsday genannt. Wenn man sagen kann, auf welchen Wochentag dieser Tag fällt, dann kann man recht leicht ausrechnen, welcher Wochentag an einem bestimmten Datum war.

a. Begründet, warum die folgenden Tage eines Jahres immer auf den gleichen Wochentag wie der Doomsday fallen: 4.4., 6.6., 8.8., 10.10., 12.12., 9.5., 5.9., 11.7., 7.11.

b. Englische Kinder lernen in der Schule die Eselsbrücke: „I work from 9 to 5 at 7 Eleven". Dazu muss man wissen, dass „7 Eleven" eine weltweit bekannte Supermarktkette ist.

c. Begründe, warum der 16.6.2008 ein Montag war.

d. Bestimmt die Wochentage: 6.8.2007, 5.7.2015, 29.2.2004, 24.12.2011

Die folgenden Schreibweisen sind für die Berechnung des Wochentags ohne Tabelle sehr hilfreich:

Die Modulo-Schreibweise gibt den Rest an, der bei einer Division von natürlichen Zahlen entsteht.
Beispiele: 13 mod 5 = 3;
17 mod 6 = 5; 18 mod 9 = 0
In der Tabellenkalkulation wird diese Funktion oft durch REST ausgedrückt.

Die Gaußklammer lässt ganze Zahlen unverändert. Alle anderen Zahlen rundet sie auf die nächstkleinere ganze Zahl ab.
Beispiele:
$[5{,}43] = 5$
$[100{,}123] = 100$
$[6] = 6$
$[-12{,}34] = -13$
In der Tabellenkalkulation wird diese Funktion oft durch GANZZAHL ausgedrückt.

Berechnung des Wochentags ohne Tabelle

5

a. 29 mod 5; 12 mod 7; 36 mod 6; 44 mod 8; 0 mod 137

b. Denke dir selbst eine solche Aufgabe aus und stelle sie jemandem aus deiner Klasse.

c. Bei der Division einer Zahl durch 8 erhält man den Rest 5. Welche Zahl könnte es gewesen sein?

d. Bei der Division von 41 durch eine Zahl erhält man den Rest 13.

6

a. $[95{,}3654]$, $[3{,}9]$, $[17]$, $\left[\frac{16}{5}\right]$

b. Die Gaußklammer liefert von einer Zahl das Ergebnis 10. Was könnt ihr alles über die Zahl sagen?

7 Der Wochentag eines beliebigen Datums kann auch ohne Doomsday-Tabelle nach einer Formel des Mathematikers und Geistlichen Christian Zeller (1895) berechnet werden. Ist nach der römischen Regelung T der Tag, M der Monat, H das Jahrhundert und J das Jahr im Jahrhundert, so gilt

Wochentag = $(T + [2{,}6 \cdot M - 0{,}2] + J + \left[\frac{J}{4}\right] + \left[\frac{H}{4}\right] - 2 \cdot H) \bmod 7$

Ist der Wochentag 0, so handelt es sich um einen Sonntag, bei 1 um einen Montag, …

Beispiel: 18.3.1951

T = 18, M = 1, H = 19, J = 51

Wochentag = (18 + 2 + 51 + 12 + 4 − 38) mod 7 = 49 mod 7 = 0

Der Tag war ein Sonntag.

a. An welchem Wochentag bist du geboren? An welchen Wochentagen deine Eltern?

b. An welchem Wochentag wurde C. F. Gauß (30.04.1777 bis 23.02.1855) geboren?

c. Vielleicht findest du es praktischer, den Wochentag mit einer Tabellenkalkulation auszurechnen.

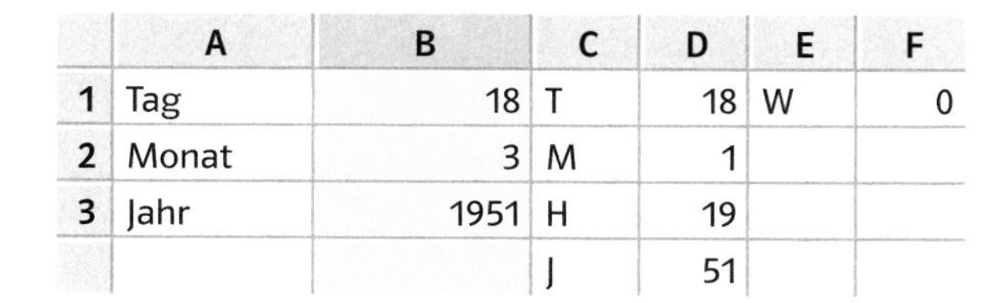

	A	B	C	D	E	F
1	Tag	18	T	18	W	0
2	Monat	3	M	1		
3	Jahr	1951	H	19		
			J	51		

6 Mit Köpfchen und Taschenrechner

Ein Taschenrechner kann beim Rechnen eine gute Hilfe sein. Es ist aber nicht sinnvoll, alles mit dem Taschenrechner zu rechnen. Oft geht es im Kopf schneller – und es hält fit!

Tipp
Wenn du Fachbegriffe wie hier z. B. „Primzahl" nicht mehr kennst, findest du im Lexikon (ab S. 78) Erklärungen.

1 Die Sicherheit von modernen Verschlüsselungsverfahren beruht auf der Tatsache, dass es zwar einfach ist, zwei Primzahlen zu multiplizieren, dass es aber sehr viel schwieriger ist, diesen Prozess wieder umzukehren, also die beiden Primfaktoren zu finden, wenn ihr Produkt gegeben ist. Wenn die Primzahlen hinreichend groß sind, ist es praktisch unmöglich, sie zu finden.

a. Die folgenden Zahlen sind das Produkt von zwei etwa gleich großen Primzahlen:
323, 1271, 11 413, 239 021
Versucht mit Köpfchen und Taschenrechner diese beiden Primfaktoren zu bestimmen.

b. Stellt euch gegenseitig solche Aufgaben.

2 In jeder Reihe kommt nur eine Aufgabe vor, die man mit dem Taschenrechner ausrechnen sollte. Welche könnte das sein? Begründet.

a. 500 · 700   1,1 · 11   2587 · 278   99 · 45   1,9 · 13
b. 37 + 89   102 + 2008   123,45 + 321,54   378,85 + 682,9
c. 436,2 − 87,83   1003 − 580   32,5 − 9,47   512 000 − 399 000
d. 450 : 90   12,1 : 11   10 000 : 8   960 000 : 1200   475 : 6

3 Für manche Aufgaben wie zum Beispiel 3,86 · 4,7 kann man gut den Taschenrechner einsetzen. Oft passieren aber Tippfehler. Daher ist es sinnvoll, die Größenordnung des Ergebnisses im Kopf abzuschätzen. Legt in eurem Heft eine Tabelle an und tragt die Aufgaben ein.

Aufgabe	mindestens	höchstens	gerundet
3,86 · 4,7	3 · 4 = 12	4 · 5 = 20	4 · 4,5 = 18 oder 3,5 · 5 = 17,5

a. 14 892 + 23 751
b. 123 456 + 234 567
c. 47 315 − 23 729
d. 356 · 37
e. 5640 · 8
f. 44 679 : 53
g. 975 · 246
h. 97 047 : 789
i. 2,9 · 5,6
j. 3,84 · 0,7
k. 8,39 · 6,81
l. 24,6 · 0,04

L *Den Taschenrechner sinnvoll einsetzen.*

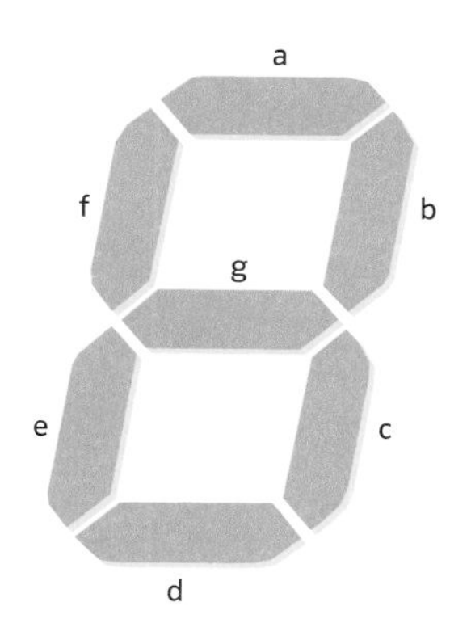

4 Taschenrechner haben eine Flüssigkristallanzeige (LCD), bei der die Ziffern oft mithilfe von sieben Segmenten gebildet werden. Um beispielsweise eine 3 anzuzeigen, werden alle Segmente außer e und f aktiviert.

a. Überlegt, welche Segmente bei den verschiedenen Ziffern angezeigt werden.

b. Wie viele unterschiedliche Zeichen können mit einer 7-Segment-Anzeige prinzipiell gebildet werden? Wie viel Prozent der Möglichkeiten werden also von den Ziffern nur benutzt?

c. Manche Taschenrechner können auch die Buchstaben von A bis F anzeigen. Prüfe, ob das bei deinem Taschenrechner der Fall ist. Welche der Buchstaben bereiten dabei Probleme? Finde eine Lösung.

Zehnerpotenzen sind Abkürzungen, z. B. $10^3 = 10 \cdot 10 \cdot 10 = 1000$
Die Hochzahl, der **Exponent**, gibt an, wie oft der Faktor 10 in der Zahl vorkommt.

5 Fast alle Taschenrechner haben eine Taste, um eine Zahl mit sich selbst zu multiplizieren (x^2). Gebt die Zahl 19 ein und multipliziert sie mich sich selbst. Mit dem Ergebnis macht ihr wieder das Gleiche usw. Irgendwann wechselt die Anzeige im Display, weil das Ergebnis zu groß wird. Dann stehen zwei Zahlen im Display. Die zweite gibt an, um wie viele Stellen das Komma noch nach rechts verschoben werden muss bzw. wie viele Nullen noch an die erste Zahl angehängt werden müssen. Das könnte zum Beispiel bei 1,698 356 304 E 10 also 16 983 563 040 der Fall sein. Es handelt sich bei der zweiten Zahl um den Exponenten der zugehörigen Zehnerpotenz. Ist die zweite Zahl negativ, so muss man das Komma entsprechend nach links verschieben.

a. Prüft, wann euer Taschenrechner die Anzeige wechselt.

b. Wieso kann das angezeigte Ergebnis nicht das exakte Ergebnis sein?

c. Wenn man das Verfahren noch weiter fortsetzt, ist bald die Kapazität des Taschenrechners überschritten und ein Fehler wird angezeigt. Überprüft, wann das bei eurem Rechner der Fall ist.

d. Verfahrt mit der Zahl 0,19 genauso wie oben mit der Zahl 19. Was fällt euch auf? Formuliert eine Regel für die geänderte Anzeige.

e. Wenn man das Verfahren fortsetzt, führt das nicht zu einem Fehler. Warum?

1 +	2 +	...	+ 49 +	50
100 +	99 +	...	+ 52 +	51
101 +	101 +	...	+ 101 +	101

$50 \cdot 101 = 5050$

6 Summen und Produkte natürlicher Zahlen

a. Schon der Mathematiker C. F. Gauß hatte eine Methode gefunden, um die Summe der natürlichen Zahlen von 1 bis zu einer Endzahl zu berechnen. Wenn du das Verfahren nicht mehr kennst, kannst du möglicherweise deinen Taschenrechner zur Berechnung benutzen. Um beispielsweise die Summe der Zahlen von 1 bis 100 zu berechnen, musst du 101 nCR 2 eingeben. Die erste Zahl ist dabei die Endzahl plus 1. Wie groß ist die Summe der Zahlen von 1 bis 500?

b. Für die Berechnung des Produkts der Zahlen von 1 bis zu einer Endzahl gibt es leider keine Formel. Aber Taschenrechner haben in der Regel eine Taste, mit der man das Produkt berechnen kann. Diese Taste ist meistens mit einem Ausrufezeichen beschriftet.
$5! = 1 \cdot 2 \cdot 3 \cdot 4 \cdot 5 = 120$. Berechne nun 10!.

c. Solche Produkte werden schnell sehr groß. Experimentiere mit deinem eigenen Taschenrechner, wann das Display in die andere Darstellung wechselt und wann die Kapazität des Taschenrechners erschöpft ist.

Wie viele Sekunden hast du bis jetzt gelebt?

7 Kleingeld

Ein Cent-Stück wiegt kaum etwas, ein Euro in Cent-Stücken schon. Wie viele Cent-Stücke wiegen zusammen ein Kilogramm?

	1 Cent	5 Cent	20 Cent
Material	Stahl mit Kupferauflage	Stahl, verkupfert	Nordisches Gold
Durchmesser	16,25 mm	21,25 mm	22,25 mm
Höhe	1,67 mm	1,67 mm	2,14 mm
Gewicht	2,3 g	3,9 g	5,74 g

1 Die angegebenen Werte sind die offiziellen Angaben für neue Münzen der Deutschen Bundesbank. Überlegt, wie die Werte bei gebrauchten Münzen sind.

2 Anja, Hubert und Nicole stellen sich einen Stapel 5-Cent-Stücke von 1 m Höhe vor.

Anja schätzt: „Der Stapel ist sicher 50 Euro wert."
Hubert schätzt: „Der Stapel ist etwa 2,5 kg schwer."
Nicole schätzt: „Damit kann ich die Pultfläche (wie abgebildet) belegen."
Was meinst du zu diesen drei Schätzungen?
Überprüfe sie und vergleiche.

3 Führe ähnliche Schätzungen mit anderen Münzen durch und überprüfe sie.
Trage deine Ergebnise in eine Tabelle ein und notiere deine Vorgehensweise.
Wie kann man herausfinden, ob Schätzungen richtig sind?

4 Mit 5-Cent-Stücken werden verschiedene Flächen belegt (wie im Foto oben).
Schätze und überlege, wie man herausfinden kann, ob die Schätzungen richtig sind.

a. Lehrerpult
b. Fußboden des Klassenraumes
c. Pausenplatz

L *Aus Tabellen, Grafiken und Texten Daten entnehmen.*
Proportionale Beziehungen erkennen und damit Berechnungen durchführen.

Anzahl der Umdrehungen

Durchmesser in mm

0

5 Nehmt verschiedene Münzen, stellt ihren Durchmesser fest und untersucht, wie viele Umdrehungen jede Münze beim Abrollen auf 100 cm macht.

a. Tragt die Ergebnisse in eine Tabelle und dann in ein Koordinatensystem mit geeigneter Achseneinteilung ein.

b. Beschreibe die Zusammenhänge, die du erkennen kannst.

6 Untersuche den Zusammenhang zwischen dem Durchmesser der Münzen und ihrem Wert. Überlege dir eine sinnvolle Achseneinteilung und stelle den Zusammenhang in einem Koordinatensystem dar.

7 Anja will die Höhe eines Turmes aus 5-Cent-Stücken besonders schnell und genau bestimmen. Sie hat die Höhe eines 5-Cent-Stückes und von zehn 5-Cent-Stücken gemessen und dann dieses Koordinatensystem gezeichnet.

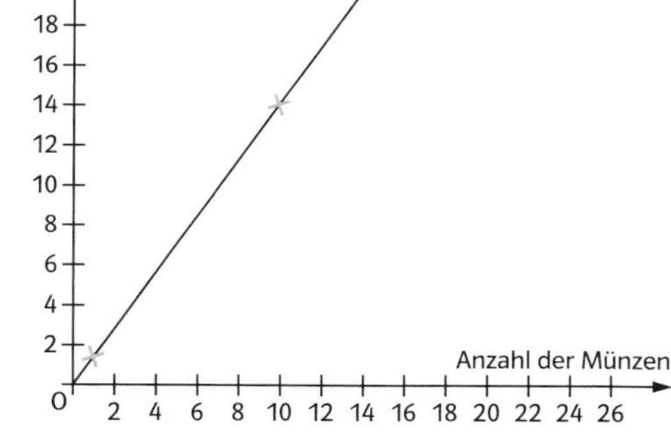

a. Beschreibe, wie sie vorgegangen ist. Welche Überlegungen hat sie angestellt?

b. Wie kann Anja mit diesem Diagramm die Höhe ermitteln?

c. Anja hat in einem weiteren Diagramm auch die entsprechenden Werte für die 1-Cent- und 20-Cent-Stücke notiert, aber die beiden Graphen nicht beschriftet. Erkläre, woran du erkennen kannst, welcher Graph zu welcher Münze gehört.

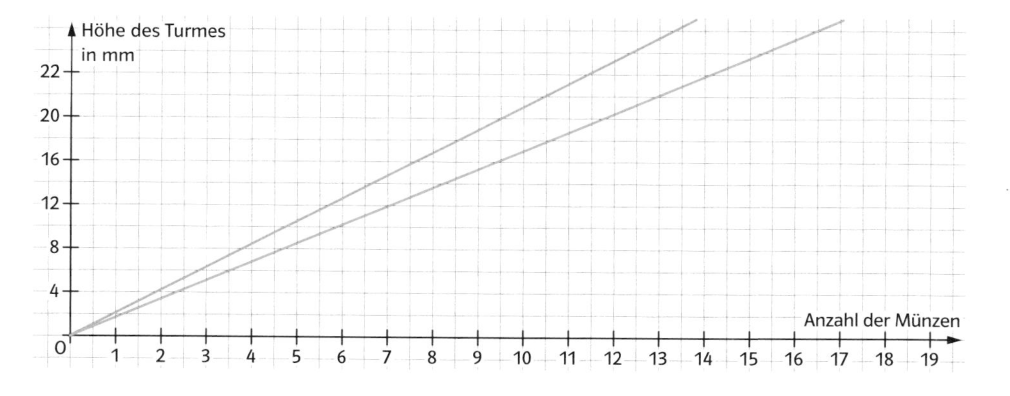

Online-Link
700171-0701
Anjas Diagramme

8 x-beliebig

Kennst du den Ausdruck „x-beliebig"? In welchem Zusammenhang brauchst du ihn? Du weißt, wie man mit bestimmten Zahlen rechnet. Kannst du dir vorstellen, dass man auch mit Zahlen rechnen kann, die man gar nicht kennt?

5 Quadrate sind sichtbar,
1 Quadrat ist verdeckt

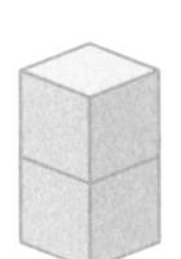

9 Quadrate sind sichtbar,
3 Quadrate sind verdeckt

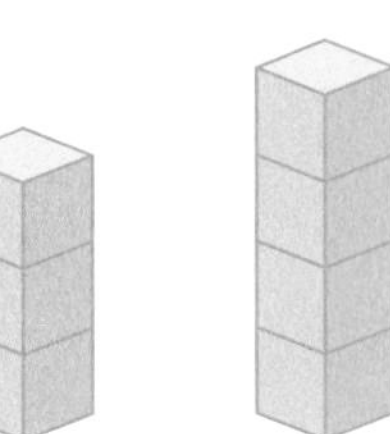
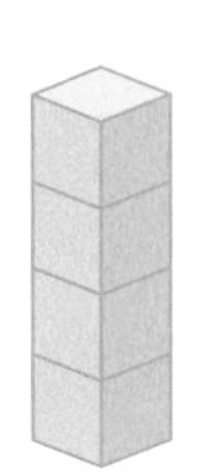
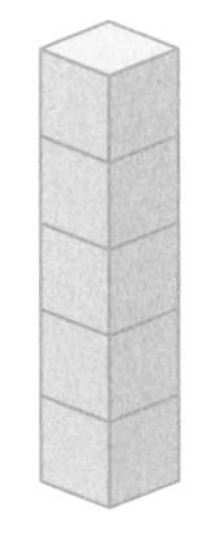

Zwischen der Zahl der Stockwerke und der Zahl der sichtbaren Quadrate besteht ein Zusammenhang.

1 Auf einem Tisch werden Würfeltürme gebaut.

a. Wie viele Quadrate sind sichtbar, wie viele sind verdeckt, wenn drei, vier, fünf, zehn, hundert Würfel aufeinandergetürmt werden? Erstelle eine Tabelle.
Welche Gesetzmäßigkeiten entdeckst du?

b. Wie bestimmst du die Zahlen, wenn das Abzählen zu mühsam wird? Notiere einige Beispiele. Vergleiche mit deiner Nachbarin oder deinem Nachbarn.

c. Wie bestimmst du die Anzahl der sichtbaren bzw. nichtsichtbaren Quadrate, wenn der Turm aus x-beliebig vielen Würfeln besteht?

Die beiden Ausdrücke $4 \cdot x + 1$ bzw. $5 \cdot x - (x - 1)$ liefern die Anzahl sichtbarer Quadrate, wenn man für x jede beliebige Anzahl von Stockwerken einsetzt.

Für x können verschiedene Werte eingesetzt werden. x ist eine **Variable**.
Ausdrücke bestehend aus Zahlen, Variablen, Operationszeichen und Klammern nennen wir **Terme**.

2 Nora und Hannes haben bei Aufgabe 1 auf unterschiedliche Weise gezählt: Nora behauptet: „Bei einem Turm mit x Stockwerken sind $4 \cdot x + 1$ Quadrate sichtbar."
Hannes hält dagegen: „Nein, es sind $5 \cdot x - (x - 1)$ Quadrate."

a. Überprüfe die Terme anhand der von dir ermittelten Zahlen. Was meinst du zu dieser Diskussion?

b. Erkläre an mindestens zwei verschieden hohen Türmen, wie die unterschiedlichen Terme zustande kommen.

c. Stelle an zwei verschieden hohen Türmen dar, was dein eigener Term für die Anzahl der nichtsichtbaren Quadrate ausdrückt. Dokumentiere deine Überlegungen mithilfe geeigneter Zeichnungen.

3

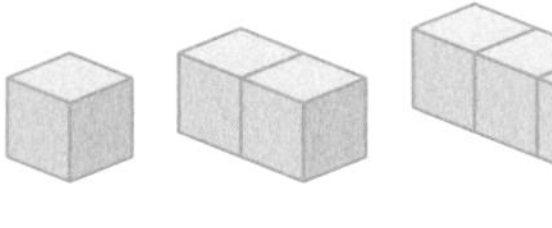
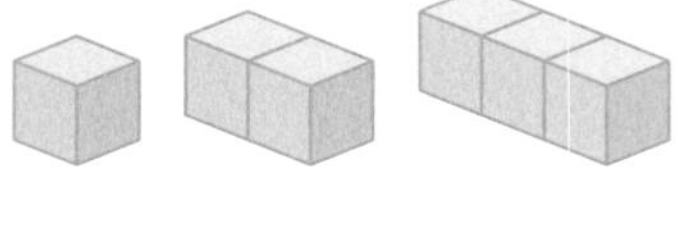
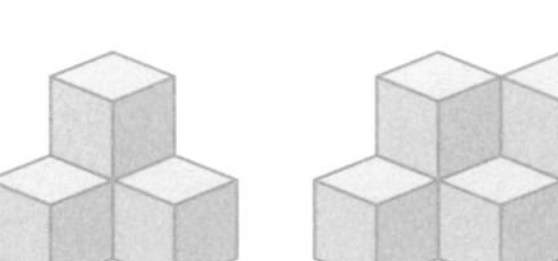
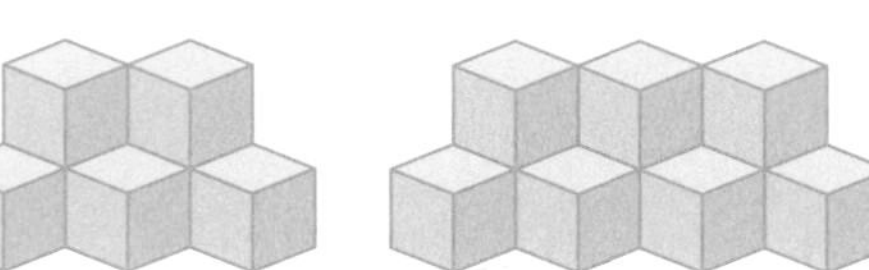
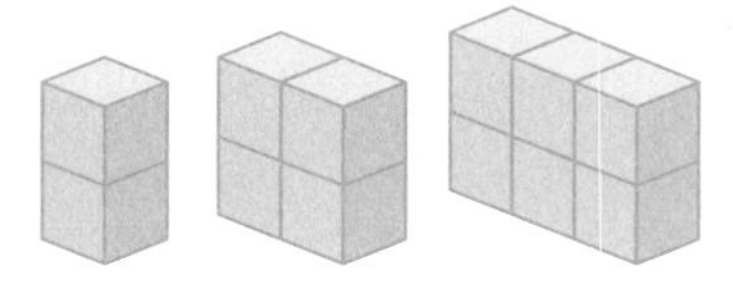

a. Baue Würfelschlangen, zwei- und mehrstöckige Würfelmauern. Stelle jeweils Untersuchungen über die Anzahl sichtbarer und nichtsichtbarer Quadrate an. Finde passende Terme.

b. Erkläre deine Terme.

c. Peter behauptet: „Man kann die Anzahl der sichtbaren Flächen doch viel schneller herausfinden. Wenn ich doppelt so viele Stockwerke habe, habe ich auch doppelt so viele sichtbare Quadrate." Was meinst du dazu? Begründe.

Online-Link
700171-0801
Würfelbauten

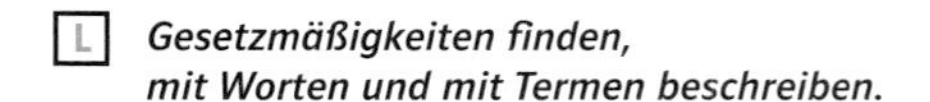

L *Gesetzmäßigkeiten finden, mit Worten und mit Termen beschreiben.*

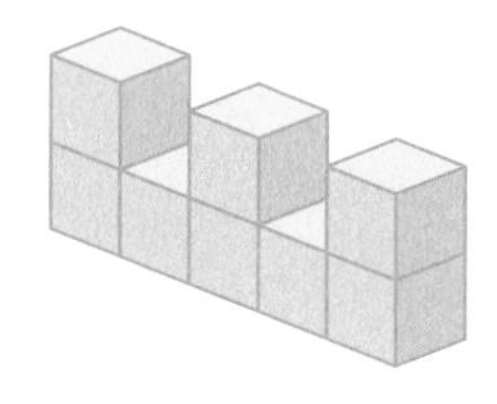

4

a. Skizziere zu dieser dreigliedrigen Figur die vorausgehende zweigliedrige und eingliedrige sowie die nachfolgende Figur.
b. Erstelle eine Tabelle für die Anzahl der Würfel und beschreibe die Gesetzmäßigkeit.
c. Finde einen Term für die Anzahl der Würfel.
d. Verfahre ebenso mit der Anzahl der sichtbaren und nichtsichtbaren Quadrate.
e. Erkläre durch Färben deine Terme.
f. Finde jeweils mindestens einen weiteren Term für die Anzahlen von Würfeln bzw. Flächen. Welcher Term erscheint dir jeweils besonders einfach?

5

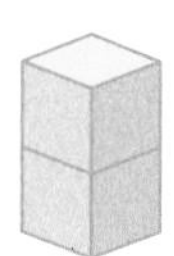

Das erste Gebäude besteht aus 2 Würfeln

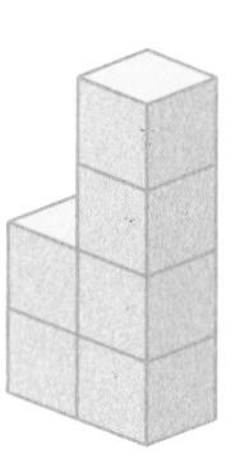

Das zweite Gebäude besteht aus 6 Würfeln

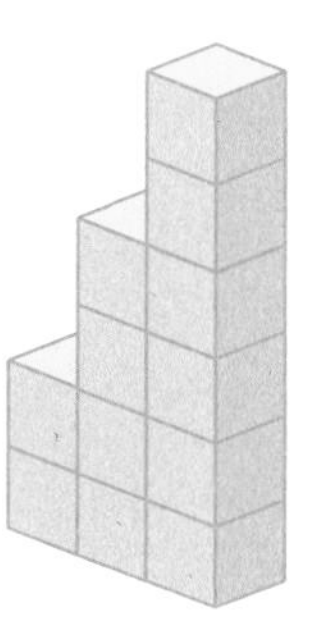

Das dritte Gebäude besteht aus 12 Würfeln

a. Aus wie vielen Würfeln besteht das vierte, fünfte, zehnte Gebäude? Erstelle eine Tabelle. Welche Gesetzmäßigkeiten entdeckst du hier?
b. Finde eine Möglichkeit, die dir das mühsame Zählen erleichtert. Gelingt es dir, bereits einen Term zu finden? Wenn ja, was hat dir geholfen? Wenn nein, wodurch ist es hier viel schwieriger als in Aufgabe 1 und 2?
c. Nora:
„Ich baue meine Würfeltreppen einfach um in rechteckige Würfelmauern. Das geht immer."

Hannes:
„Ich baue sie lieber um in quadratische Mauern und gucke dann, was jeweils übrig bleibt!"

Du siehst hier die Überlegungen von Nora und Hannes. Verfahre wie Nora oder Hannes und erkläre mithilfe der Würfelgebäude, wie du nun die Anzahlen der benötigten Würfel für das vierte, fünfte, zehnte, hundertste Gebäude leicht errechnen kannst.
d. Finde einen Term und vergleiche ihn mit demjenigen deines Nachbarn.

6

a. Baue Mauern und Treppen nach eigenen Regeln und suche Gesetzmäßigkeiten. Beschreibe diese als Terme. Erkläre die Terme an den Bauten oder Zeichnungen.
b. Suche aus deinen eigenen Erkundungen drei unterschiedlich schwierige Beispiele aus und formuliere daraus Aufgaben für deine Mitschülerinnen und Mitschüler.
c. Löse Aufgaben der anderen.
d. Schreibe einen Bericht über deine Entdeckungen.

9 Verpackungen

Du kennst sicher ganz unterschiedlich geformte Verpackungen. Bevor ein Produkt auf den Markt kommt, muss z. B. entschieden werden, wie die Verpackung aussehen soll und welche Menge hineinpassen soll.

Tipp

Wenn du Fachbegriffe wie hier z. B. „Netz" nicht mehr kennst, findest du im Lexikon (ab S. 78) Erklärungen.

1 Baut aus einem einzigen DIN-A4-Blatt eine interessante Verpackung für ein Produkt, das neu auf den Markt kommen soll. Nutzt dabei die Größe eines DIN-A4-Blattes möglichst gut aus.
Zerschneiden und Kleben sind erlaubt.
Um dem Unternehmen die Entscheidung für eine Verpackung zu erleichtern, sind neben dem Modell folgende Unterlagen beizufügen:
- Skizze eurer Verpackung,
- Netz eurer Verpackung mit Maßangaben,
- Angabe des Oberflächeninhalts eurer Verpackung mit Berechnung,
- Aufzeichnungen, aus denen hervorgeht, wie ihr bei der Planung und Durchführung vorgegangen seid, welche Probleme eventuell aufgetreten sind und wie diese gelöst werden konnten.

2 Auf dem Bild sind einige Süßigkeiten in ihren Verpackungen zu sehen.
a. Vergleicht diese Verpackungen miteinander. Was haben sie gemeinsam, worin unterscheiden sie sich?
b. Aus welchen Teilen sind sie zusammengesetzt? Skizziert mögliche Netze.
c. Bestimmt die Oberflächen der unten ausgewählten Verpackungen. Den zusätzlich benötigten Karton für Verschluss und Falze müsst ihr nicht berücksichtigen.
d. Überlegt, wie man das Volumen dieser Verpackungen berechnen kann.
Haltet eure Überlegungen schriftlich fest.

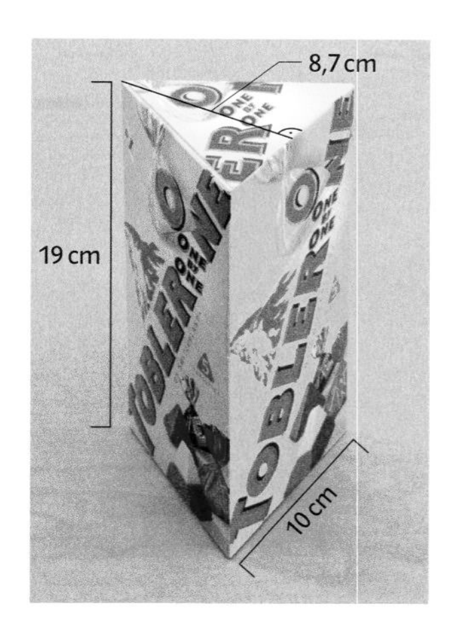

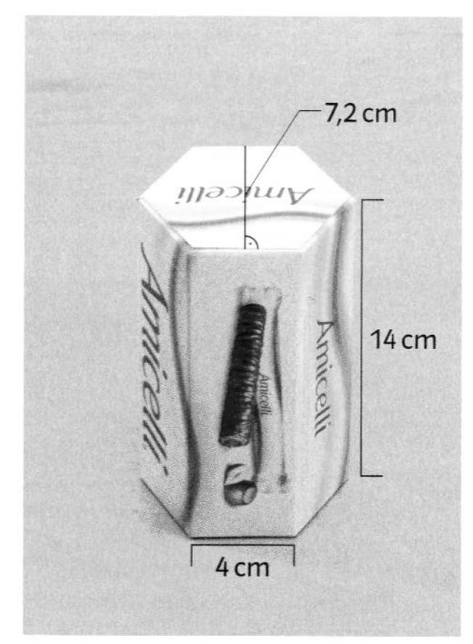

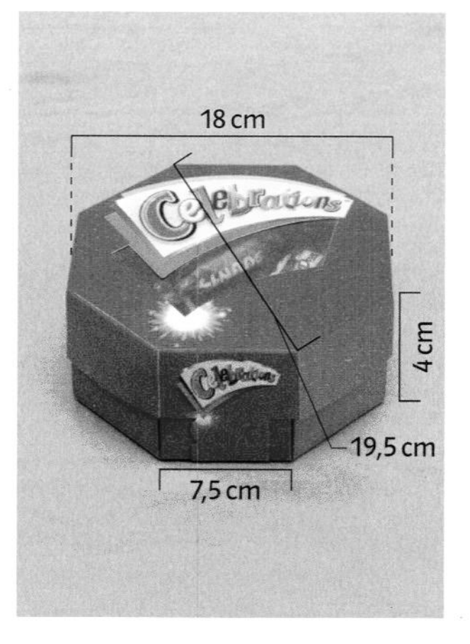

L *Eigenschaften von Prismen kennen, Berechnungen an Prismen durchführen*

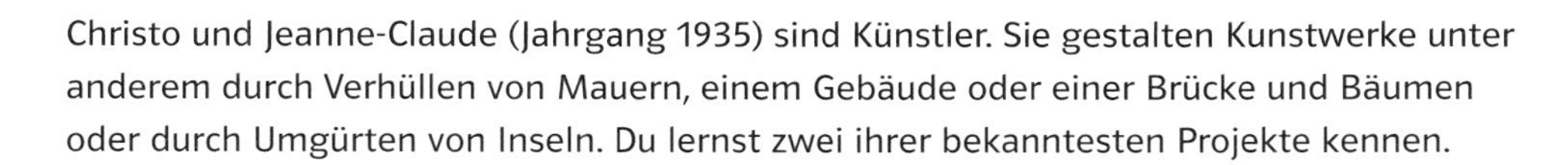

Christo und Jeanne-Claude (Jahrgang 1935) sind Künstler. Sie gestalten Kunstwerke unter anderem durch Verhüllen von Mauern, einem Gebäude oder einer Brücke und Bäumen oder durch Umgürten von Inseln. Du lernst zwei ihrer bekanntesten Projekte kennen.

3 Umsäumte Inseln, Biscayne Bay, Greater Miami/USA, 1980–1983

1983 umrandeten Christo und Jeanne-Claude elf Inseln vor der Küste Miamis in Florida mit schwimmendem Stoff. Insgesamt legten sie mehr als 600 000 m^2 Stoff entlang der Inselküsten auf die Wasseroberfläche.

Die Umrandung bestand aus Stoffstreifen mit einer Breite zwischen 3,7 m und 6,7 m. Die Seitenlängen der Streifen schwankten zwischen 120 m und 190 m.

a. Wie groß war die Fläche dieser Stoffstreifen höchstens/mindestens? Rechne mit rechteckigen Stoffstreifen.

b. Schätze möglichst gut die Fläche der abgebildeten Insel und die Fläche ihrer „Verpackung“. Beschreibe deinen Lösungsweg.

c. Christo und Jeanne-Claude verbrauchten pro Insel durchschnittlich 50 000 m^2 Stoff. Vergleiche mit deiner Schätzung.

d. Skizziere eine rechteckige „Insel“ mit einem Umfang von 500 m. Welche Fläche überdeckt eine 60 m breite Umrandung?

23 Jahre mussten Jeanne-Claude und Christo beharrlich Überzeugungsarbeit leisten, bis es 1995 zur Verhüllung des Reichstages in Berlin kommen konnte. Die Verhüllung begann am 17.6.1995 und wurde am 24.6.1995 abgeschlossen. Am 7. Juli 1995 wurde die Verhüllung wieder abgebaut. Insgesamt 5 Millionen Besucher kamen zu diesem Ereignis. Danach begann der Umbau des Reichstages zum Sitz des Deutschen Bundestages, diese Umgestaltung wurde 1999 abgeschlossen.

4 Verhüllter Reichstag, Berlin/Deutschland, 1995

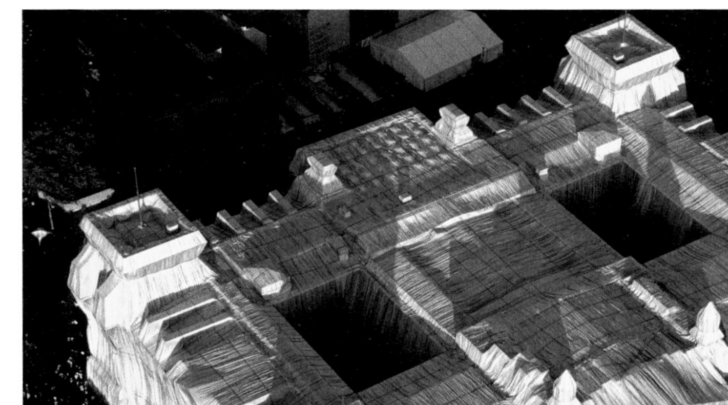

Die Grundfläche des Reichstages ist ca. 137 m lang und ca. 104 m breit. Die Ecktürme haben eine Höhe von 46 m. Es wurden über 100 000 m^2 feuerfestes Polypropylengewebe und 15 600 m Seil verarbeitet. Bei der Montage wurden 90 Kletterer benötigt.

a. Vergleiche die Menge des benötigten Stoffs mit der Größe eines Fußballfeldes.

b. Wie oft könnte man das für die Verhüllung benötigte Seil um das Fußballfeld legen?

c. Wie viel Stoff wurde für die Verhüllung der Vorderfront ungefähr benötigt?

d. Wie hoch darf ein Hochhaus mit einer Grundfläche von 70 m × 40 m sein, damit es mit dieser Stoffmenge verhüllt werden könnte?

e. Erfinde selbst ähnliche Aufgaben und stelle sie anderen.

Online-Link
700171-0901
Bilder der Seite

Ganz allgemein

Kann man Rechengesetze, die für x-beliebige Zahlen gelten, ganz allgemein formulieren?

Preisliste:

Mineralwasser	12 · 0,7 l	4,50 €
Apfelschorle	12 · 0,7 l	6,90 €
Zitronenlimo	12 · 0,7 l	5,10 €
Orangenlimo	12 · 0,7 l	5,10 €

zzgl. Pfand: 3,30 €

1 Du siehst hier drei Terme dargestellt. Jeder Term gehört zu einer Situation. In jeder Situation versuchen Hannes, Anna und Lena die gleiche Frage zu beantworten.

a. Welche Frage soll jeweils beantwortet werden?

b. Wer hat richtig gerechnet? Welche dir bekannten Rechenregeln bzw. Rechengesetze wurden dabei verwendet? Wie hättest du gerechnet?

c. Wo sind Fehler passiert? Begründe.

Term 1: 11,40 − 3,30 + 6,60

Anna: 18,00 − 3,30 = 14,70
Hannes: 11,40 − 9,90 = 0,50
Lena: 8,10 + 6,60 = 14,70

Term 2: 3 · 4,50 + 3 · 3,30

Anna: 13, 50 + 9,90 = 23,40
Hannes: 3 · 7,80 = 23,40
Lena: 6 · 7,80 = 46,80

Term 3: 5 · 12 · 0,7

Anna: 60 · 8,4 = 504
Hannes: 5 · 8,4 = 42
Lena: 60 · 0,7 = 42

d. Findest du auch passende Situationen zu selbst gestellten Klammeraufgaben? Tausche sie mit deinem Nachbarn aus.

Rechengesetze

a + b = b + a

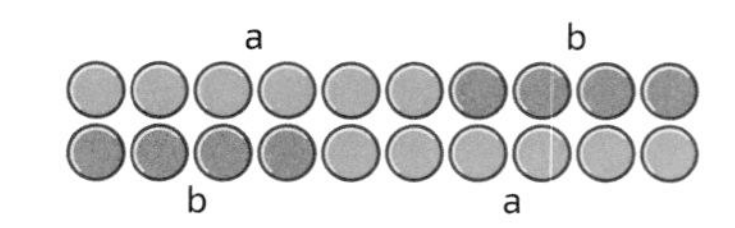

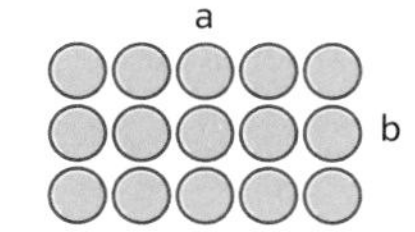

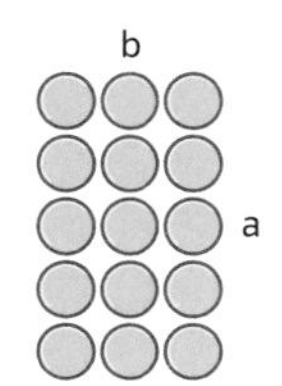

2 Du weißt, ohne zu rechnen, dass 57 + 38 und 38 + 57 das gleiche Ergebnis haben müssen. Sicher hast du schon oft die Erfahrung gemacht, dass es praktisch ist, beim Addieren die Reihenfolge zu vertauschen. Man nennt diese Eigenschaft **Kommutativgesetz** der Addition. Da dieses Gesetz für x-beliebige Zahlen gilt, kann man es allgemein beschreiben.

In Worten: Werden zwei Zahlen addiert, darf die Reihenfolge vertauscht werden.

Algebraisch: $a + b = b + a$ (a und b stehen für x-beliebige Zahlen).

a. Was hat das Bild links mit dem Kommutativgesetz für die Multiplikation zu tun? Schreibe das Gesetz algebraisch auf und begründe es mithilfe des Bildes.

b. Erfinde Aufgaben, bei denen es geschickt ist, das Kommutativgesetz anzuwenden. Erfinde auch solche, bei denen es nicht geschickt ist. Gib die Aufgaben deinen Mitschülerinnen und Mitschülern zum Lösen. Tauscht eure Lösungswege aus.

L *Rechenregeln und -gesetze algebraisch formulieren und bewusst anwenden.*

3 Ein weiteres praktisches Rechengesetz der Addition steckt in folgender Aufgabe:
$(45 + 32) + 18 = 45 + (32 + 18)$.

a. Welcher Rechenweg ist für dich einfacher? Warum?

b. Dieses Rechengesetz heißt **Assoziativgesetz** der Addition. Formuliere es in Worten und algebraisch. Begründe es mithilfe einer passenden Situation.

c. Ersetze überall „+" durch „−". Gilt ein entsprechendes Gesetz immer noch? Überprüfe mithilfe einiger passender Situationen oder Zahlenbeispiele.

d. Ersetze überall „+" durch „·". Gilt ein entsprechendes Gesetz immer noch? Überprüfe mithilfe einiger passender Situationen oder Zahlenbeispiele.

e. Ersetze überall „+" durch „:". Gilt ein entsprechendes Gesetz immer noch? Überprüfe mithilfe einiger passender Situationen oder Zahlenbeispiele.

f. Erfinde Aufgaben, bei denen es geschickt ist, das Assoziativgesetz anzuwenden und solche, bei denen es nicht geschickt ist. Gib sie deinen Mitschülerinnen und Mitschülern zum Lösen.

$a \cdot (b + c) = a \cdot b + a \cdot c$

Malkreuze:

·	20	7	
9	180	63	243

4 Ein weiteres Rechengesetz heißt **Distributivgesetz**. Es lautet algebraisch
$a \cdot (b + c) = a \cdot b + a \cdot c$

a. Überprüfe das Gesetz an einigen Beispielen. Was hat das Distributivgesetz mit den Abbildungen links zu tun?

b. Gilt auch $a \cdot (b - c) = a \cdot b - a \cdot c$?
Begründe mit passenden Situationen oder finde Gegenbeispiele.

c. Gilt auch $a + (b \cdot c) = a + b \cdot a + c$?
Begründe mit passenden Situationen oder finde Gegenbeispiele.

d. Gilt auch $a : (b + c) = a : b + a : c$?
Begründe mit passenden Situationen oder finde Gegenbeispiele.

Rechenarten erfinden

Das Wort **Algebra** kommt aus dem Arabischen und bedeutete so viel wie „heilen" oder „Knochen wieder einrenken".
Das kommt daher, dass der Mathematiker al-Chwarizmi (ca. 780 bis 850 n. Chr.) allgemeine Rechenverfahren zum Lösen von Gleichungen beschrieben hat, bei denen durch bestimmte Rechenschritte die Zahlen wieder an ihren richtigen Platz gebracht, d. h. eingerenkt wurden. Diese allgemeinen Rechenverfahren wurden über viele Jahrhunderte immer in Worten beschrieben.
Erst Ende des 16. Jahrhunderts begann François Vieta, allgemeine Rechenverfahren und Gleichungen mithilfe von Buchstaben zu beschreiben.
Heute benutzt man den Begriff Algebra in der Regel, um das Rechnen mit Variablen abzugrenzen vom Rechnen mit konkreten Zahlen.

5 Hans hat die Rechenart „Quadmalen" erfunden.
Quadmale 4 mit 5 bedeutet: $4 \diamond 5 = (4 \cdot 4) \cdot 5 = 80$
Quadmale 5 mit 4 bedeutet: $5 \diamond 4 = (5 \cdot 5) \cdot 4 = 100$
Für Quadmalen gilt also kein Kommutativgesetz.

a. Rechne einige eigene Beispiele für das Quadmalen.

b. Formuliere die Rechenart Quadmalen in Worten und algebraisch.

c. Überprüfe, anhand einiger Beispiele, ob für Quadmalen das Distributivgesetz
$a \diamond (b + c) = a \diamond b + a \diamond c$ gilt.

6 Erfinde eigene Rechenarten. Rechne jeweils einige Beispiele. Überprüfe, ob für deine Rechenarten das Kommutativgesetz gilt. Du kannst auch überprüfen, ob die anderen Rechengesetze gelten.

Algebra

7

a. Warum, glaubst du, hat es so viele Jahrhunderte gedauert, bis man das Rechnen mit Variablen erfunden hat?

b. Welche Vor- und Nachteile könnte das allgemeine Formulieren von Regeln in Worten haben?

c. Welche Vor- und Nachteile könnte das allgemeine Formulieren von Regeln mithilfe von Variablen haben?

11 Mit rationalen Zahlen rechnen

„Ratio" heißt auch „Verhältnis". Verhältnisse kann man als Brüche schreiben. Mit Brüchen kannst du verhältnismäßig gut rechnen.

Gebrochene Zahlen addieren und subtrahieren

1

a. Erkläre am Rechteckmodell, wie man die Brüche $\frac{1}{4}$ und $\frac{1}{3}$ addieren kann.

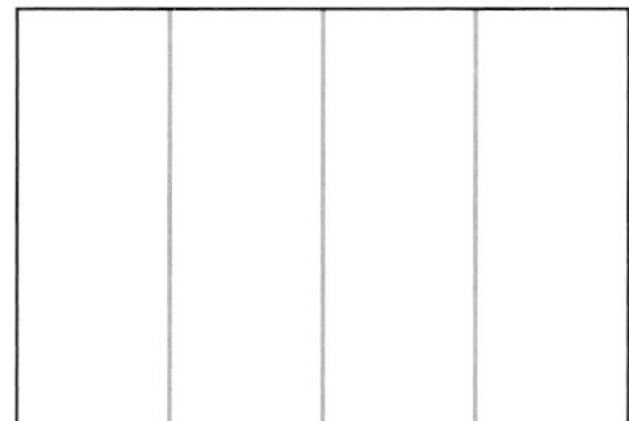
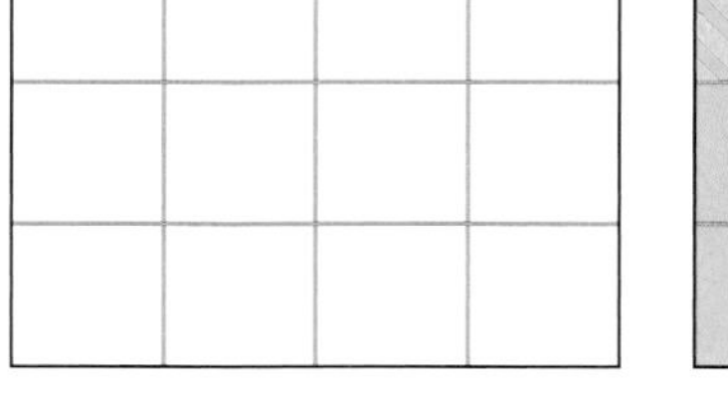

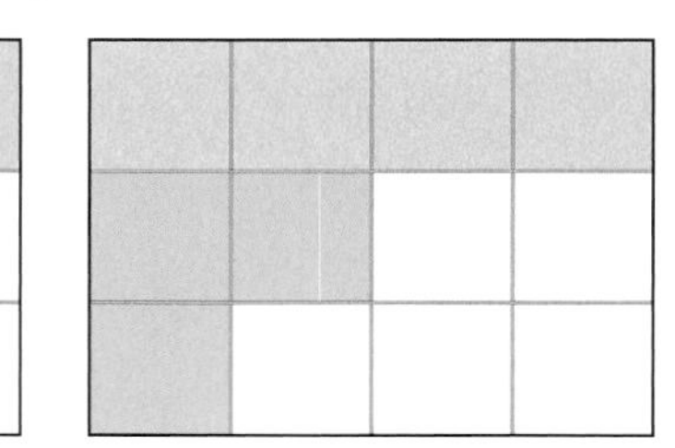

Die Brüche stellen Flächenanteile dar.

$\frac{1}{a} + \frac{1}{b} = \frac{b+a}{a \cdot b}$

b. Stelle am Rechteckmodell andere Additionen von zwei Stammbrüchen $\frac{1}{a} + \frac{1}{b}$ dar. Wähle für a und b verschiedene natürliche Zahlen.

c. Erkläre in Worten, warum für die Addition von zwei Stammbrüchen gilt: $\frac{1}{a} + \frac{1}{b} = \frac{b}{a \cdot b} + \frac{a}{a \cdot b} = \frac{b+a}{a \cdot b}$. Schreibe die Regel auch in Worten.

2

a. Erkläre am Rechteckmodell, wie man die Brüche $\frac{3}{4}$ und $\frac{2}{3}$ addieren kann.

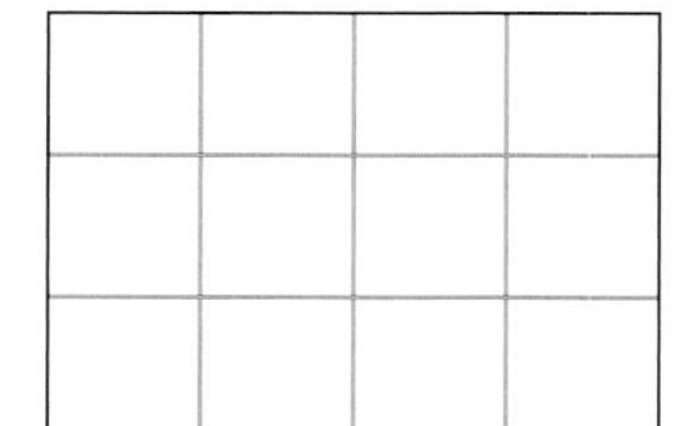
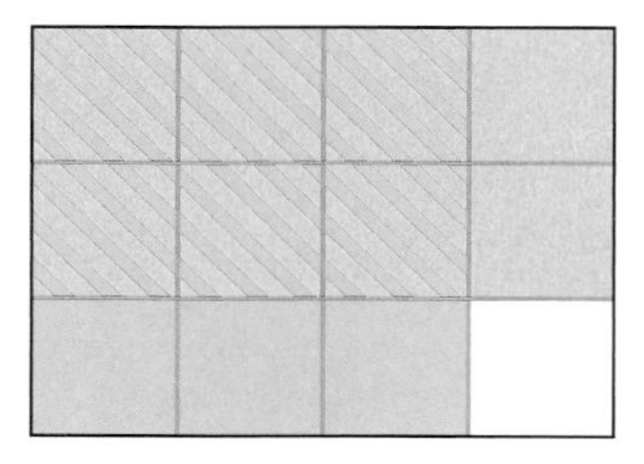
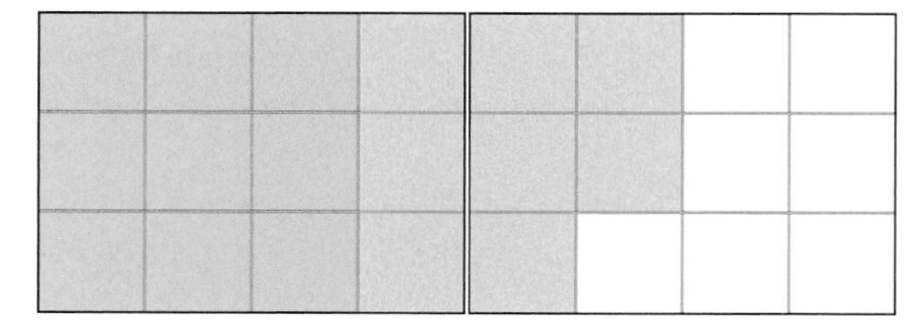

Die Brüche stellen Flächenanteile dar.

b. Stelle am Rechteckmodell andere Additionen von zwei Brüchen $\frac{x}{a} + \frac{y}{b}$ dar. Wähle für die Variablen x, y, a und b verschiedene natürliche Zahlen.

c. Suche und begründe eine allgemeine Regel für die Addition zweier Brüche $\frac{x}{a} + \frac{y}{b}$.

3

a. Übertrage die Regel aus Aufgabe 1 c. auf die Subtraktion zweier Stammbrüche: $\frac{1}{a} - \frac{1}{b} = ?$ Begründe.

b. Übertrage die Regel aus Aufgabe 2 c. auf die Subtraktion zweier Brüche: $\frac{x}{a} - \frac{y}{b} = ?$ Begründe.

4 Man rechnet nicht immer mit obigen Regeln. Manchmal geht es einfacher.

a. Beschreibe an diesen Beispielen, was einfacher ist:
$\frac{1}{3} + \frac{1}{6} = \frac{2}{6} + \frac{1}{6} = \frac{3}{6} = \frac{1}{2}$ $\quad$ $\frac{5}{6} - \frac{3}{4} = \frac{10}{12} - \frac{9}{12} = \frac{1}{12}$

b. Suche weitere Beispiele, mit denen man vereinfacht rechnen kann.

5 Stellt einander einige Additions- und Subtraktionsaufgaben mit Brüchen. Findet auch Aufgaben mit negativen Ergebnissen. Kontrolliert euch gegenseitig.

L *Gebrochene Zahlen addieren, subtrahieren, multiplizieren und dividieren.*

6 Schreibe einen beliebigen Bruch $\frac{z}{n}$ mit $z < n$.

a. Untersuche systematisch, wie sich der Wert des Bruches verändert, wenn du zum Zähler und zum Nenner jeweils gleiche Zahlen addierst: Mache aus $\frac{z}{n}$ den Bruch $\frac{z+a}{n+a}$ mit $a = 1, 2, 3, 4, \ldots$

b. Was musst du für a wählen, um einen möglichst großen Bruch zu erhalten? Begründe.

c. Untersuche Aufgaben a. und b., wenn $z > n$ ist.

Gebrochene Zahlen multiplizieren und dividieren

7

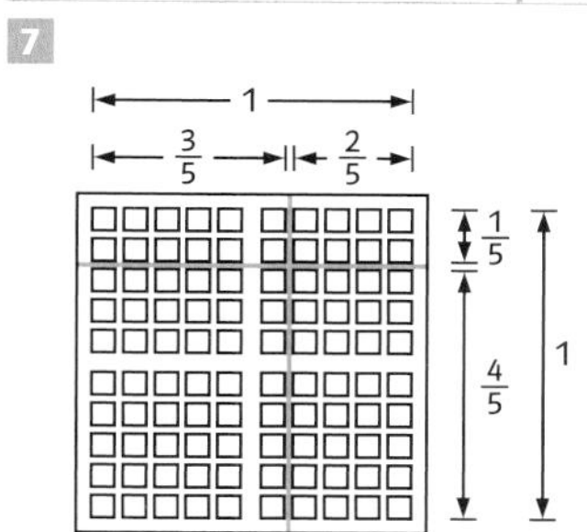

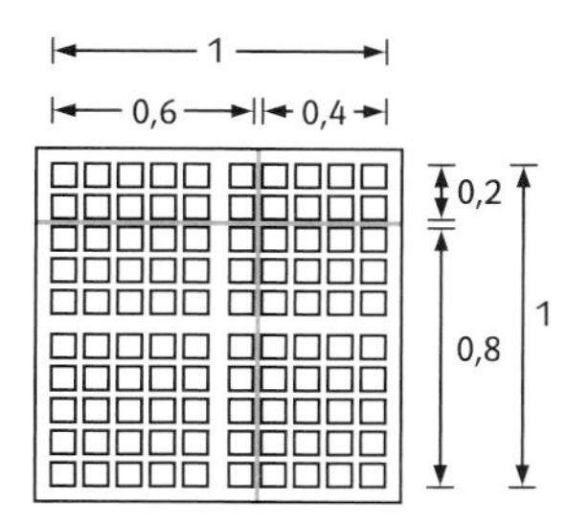

$\frac{a}{b} \cdot \frac{c}{d} = \frac{a \cdot c}{b \cdot d}$

a. Vergleiche die beiden Darstellungen. Erkläre daran, wie man Brüche bzw. Dezimalbrüche multiplizieren kann. Erkläre die Regel zur Multiplikation von Brüchen: $\frac{a}{b} \cdot \frac{c}{d} = \frac{a \cdot c}{b \cdot d}$ und schreibe sie auch in Worten.

b. Wandle die folgenden Faktoren zunächst in Brüche um, rechne und gib das Ergebnis wieder als Dezimalzahl an. Welche Gemeinsamkeiten gibt es zum Rechnen mit Brüchen? $0{,}7 \cdot 0{,}9$; $0{,}6 \cdot 0{,}8$; $0{,}4 \cdot 0{,}5$; $0{,}25 \cdot 0{,}3$; $0{,}21 \cdot 0{,}4$

c. Welche der folgenden Multiplikationen kannst du auch gut mithilfe von Dezimalbrüchen durchführen? Begründe deine Auswahl und veranschauliche einige davon mithilfe von Einheitsquadraten. Gib bei den anderen Rechenwege an.
$\frac{3}{10} \cdot \frac{7}{10}$; $\frac{1}{3} \cdot \frac{2}{5}$; $\frac{1}{2} \cdot \frac{3}{5}$; $\frac{5}{6} \cdot \frac{4}{5}$; $\frac{1}{10} \cdot \frac{23}{100}$; $\frac{3}{4} \cdot \frac{3}{10}$; $\frac{4}{9} \cdot \frac{3}{4}$

8

Immer das gleiche Ergebnis:
$0{,}25 \cdot 0{,}8 = 0{,}5 \cdot 0{,}4$
$= 1 \cdot 0{,}2$
$= \ldots$

$1{,}08 : 0{,}2 = 2{,}16 : 0{,}4$
$= 21{,}6 : 4$
$= 10{,}8 : 2$

a. Überprüfe anhand von Beispielen, welche der folgenden Gleichungen nicht immer gelten. Formuliere die allgemeingültigen in eigenen Worten und begründe.

A $a \cdot b = (a \cdot z) \cdot (b \cdot z)$ **B** $a \cdot b = (a \cdot z) \cdot (b : z)$
C $a : b = (a \cdot z) : (b \cdot z)$ **D** $a : b = (a \cdot z) : (b : z)$

b. Finde zu jeder der folgenden Aufgaben weitere mit gleichem Ergebnis. Finde darunter jeweils eine, die du besonders leicht lösen kannst:

A $0{,}5 \cdot 0{,}2$ **B** $0{,}5 : 0{,}2$ **C** $1{,}6 : 0{,}25$ **D** $1{,}6 \cdot 0{,}25$
E $0{,}36 \cdot 0{,}75$ **F** $0{,}36 : 0{,}75$ **G** $2{,}4 : 0{,}15$ **H** $2{,}4 \cdot 0{,}15$

c. Erfinde Aufgaben, die sich leicht mithilfe dieser Methode lösen lassen.

$1 : \frac{1}{2}$
Marie:
„Ich frage mich, wie oft ein Halbes in ein Ganzes passt."
Achmed:
„Ich überlege, wie lang die zweite Seite im Rechteck sein kann."
Malin:
„Ich suche immer gleiche Verhältnisse, ..."

$\frac{a}{b} : \frac{c}{d} = \frac{a}{b} \cdot \frac{d}{c}$

9 Die Division kann man auf verschiedene Arten erklären, z. B. als Umkehroperation.

a. Erkläre die Division für einige Beispiele aus Aufgabe 7.

b. Löse die folgenden Aufgaben, indem du Zusammenhänge zwischen den Aufgaben nutzt. Erkläre, wie du vorgehst. Schreibe die Lösungen als gewöhnlichen Bruch (z. B. $\frac{4}{3}$ anstelle von $1\frac{1}{3}$).

$1 : \frac{1}{2}$	$\frac{1}{2} : \frac{1}{2}$	$\frac{1}{3} : \frac{1}{2}$	$\frac{2}{3} : \frac{1}{2}$	$\frac{2}{3} : \frac{1}{2}$
$1 : \frac{1}{3}$	$\frac{1}{2} : \frac{1}{3}$	$\frac{1}{3} : \frac{1}{3}$	$\frac{2}{3} : \frac{1}{3}$	$\frac{2}{3} : \frac{2}{3}$
$1 : \frac{1}{4}$	$\frac{1}{2} : \frac{1}{4}$	$\frac{1}{3} : \frac{1}{4}$	$\frac{2}{3} : \frac{1}{4}$	$\frac{2}{3} : \frac{3}{4}$
$1 : \frac{1}{5}$	$\frac{1}{2} : \frac{1}{5}$	$\frac{1}{3} : \frac{1}{5}$	$\frac{2}{3} : \frac{1}{5}$	$\frac{2}{3} : \frac{4}{5}$

c. Erkläre die Regel $\frac{a}{b} : \frac{c}{d} = \frac{a}{b} \cdot \frac{d}{c}$ und schreibe sie mit Worten auf.

12 Kopfgeometrie

Kannst du gut im Kopf rechnen?
Hier kannst du trainieren, dir Gegenstände im Kopf vorzustellen und sie dabei auch zu bewegen.

Flechtwürfel

1 Du kannst aus drei Papierstreifen nur durch Falten und Flechten, aber ohne zu kleben, einen Würfel herstellen.

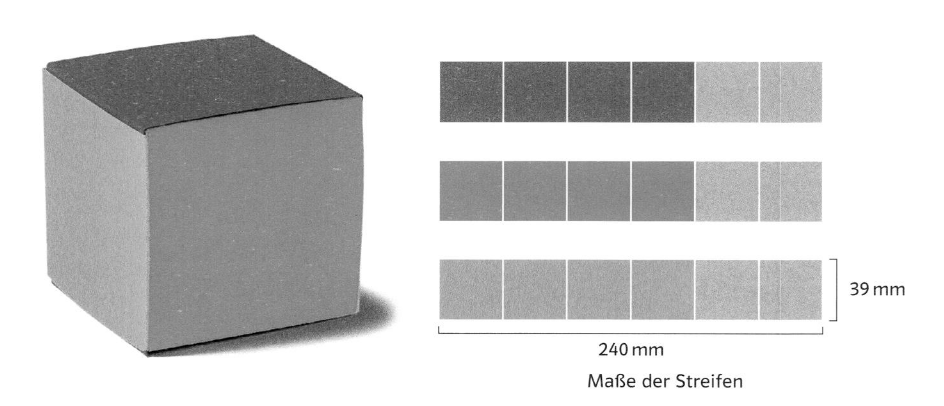

Maße der Streifen

Erkläre jemandem, wie du geflochten hast.

Augensummen

Bei einem Spielwürfel beträgt die Augensumme gegenüberliegender Flächen immer 7.

2
a. Von einem Würfel kann man gleichzeitig nur drei Seitenflächen sehen.
Welches ist die kleinste, welches die größte Augensumme, die man beim Würfel links auf einen Blick erfassen kann?
b. Begründe, weshalb die Augensumme 8 nicht auf einen Blick erfasst werden kann.
c. Welche Summen sind auf einen Blick sichtbar?

Würfel kippen

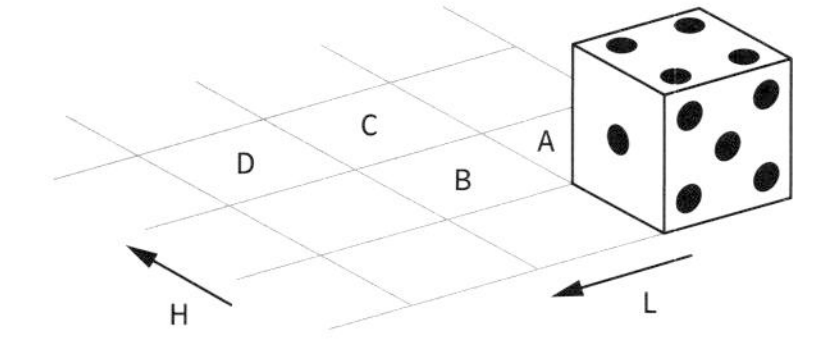

3 Der Würfel wird aus seiner Startlage um eine Kante auf das mit A bezeichnete Gitterquadrat gekippt.
a. Wie viele Augen sind nun oben?
b. Dann geht es weiter über B, C bis zum Feld D. Welche Augenzahl ist nun oben?
c. Wähle andere Wege im Gitter nach D. Liegt bei D immer die gleiche Zahl oben?
d. Führt man vier Kippbewegungen nach links und dann vier nach hinten aus (abgekürzt LLLLHHHH), steht der Würfel wieder wie beim Start.
Es gibt auch andere Wege, bei denen der Würfel am Schluss wieder so wie beim Start steht. Suche solche Wege, die aus 4, 6 oder 8 Kippbewegungen bestehen.

L *Das Raumvorstellungsvermögen trainieren.*

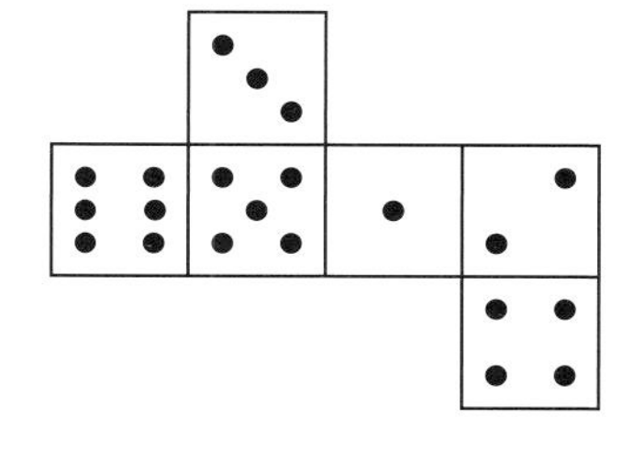

Würfelnetz

4 Nebenstehendes Netz wird so zu einem Würfel gefaltet, dass die Augen sichtbar bleiben.
Welche der unten gezeichneten Würfel könnten aus diesem Netz entstanden sein? Welche nicht? Begründe.

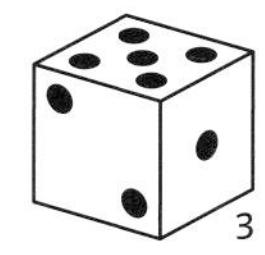

Verdreht und gekippt

5

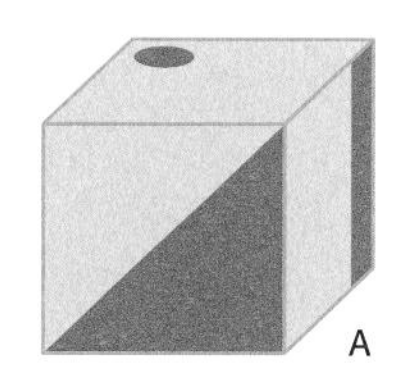
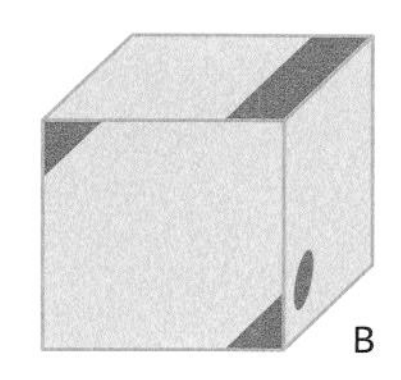
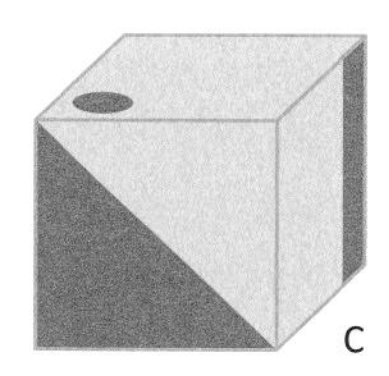
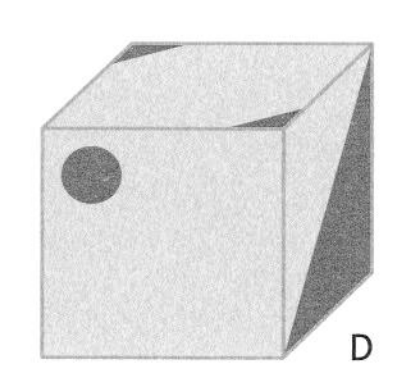
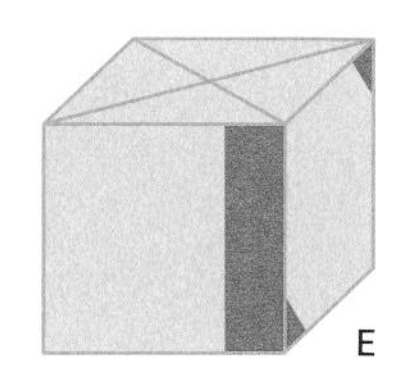

Alle Würfel A bis E haben sechs unterschiedlich gestaltete Seitenflächen.
Entscheide für jeden der Würfel 1 bis 15, welcher der Würfel A bis E sich hinter der Nummer verstecken könnte.

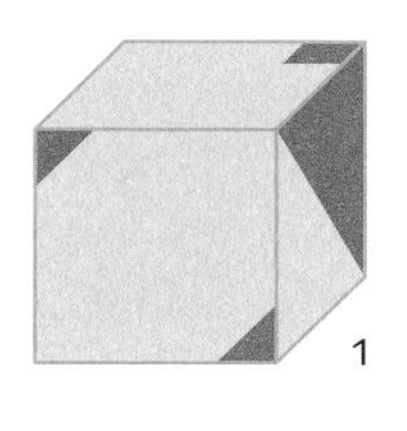
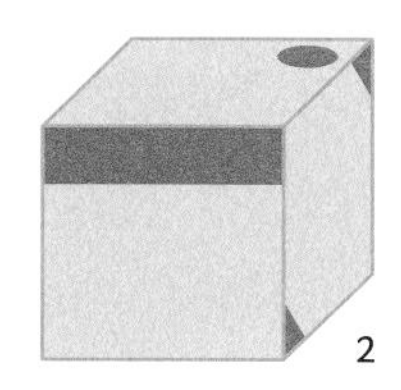
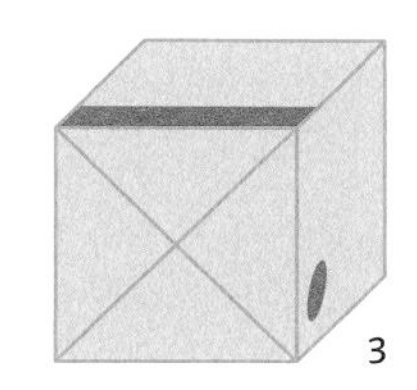
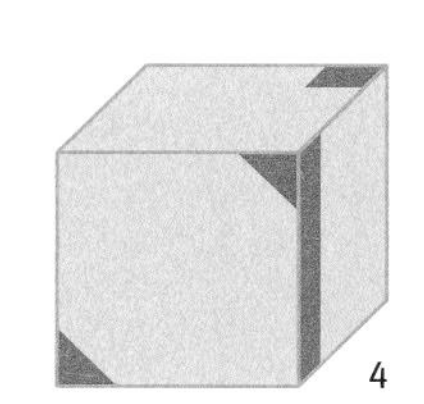
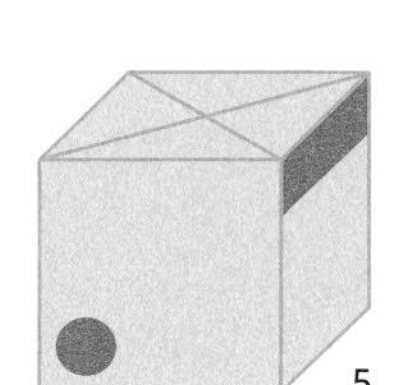
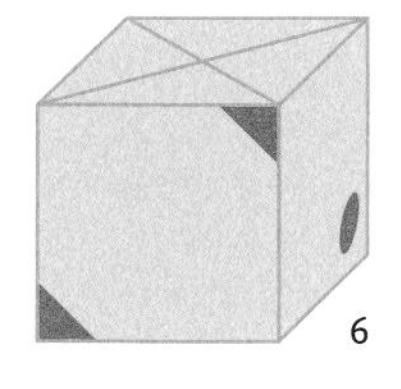
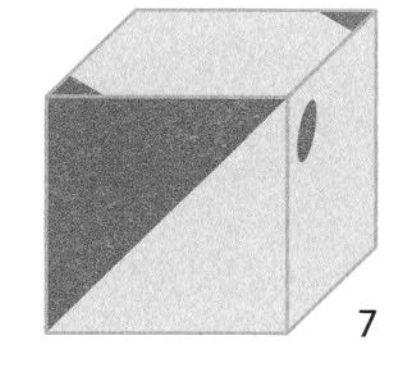
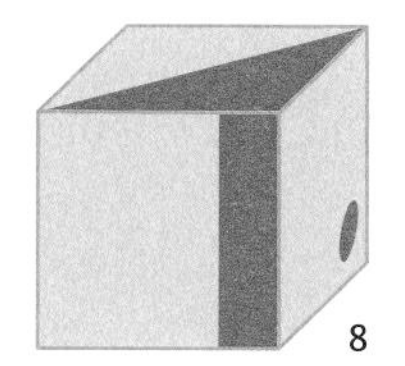
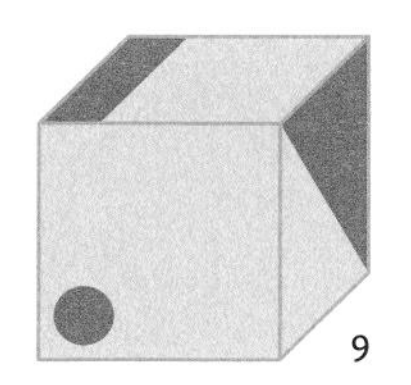
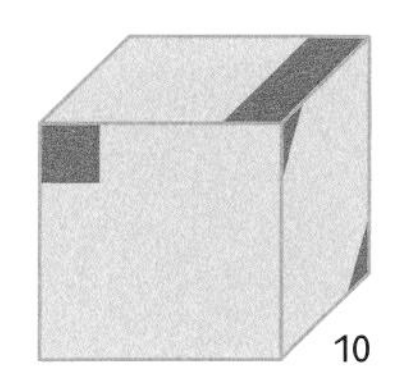
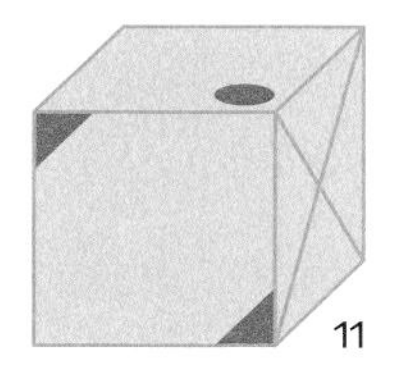
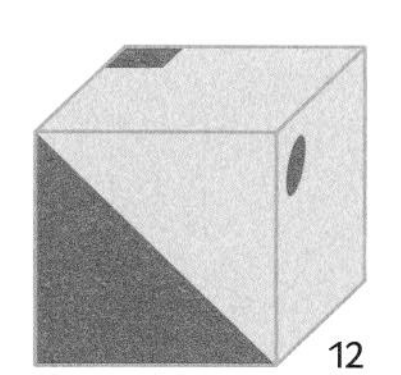
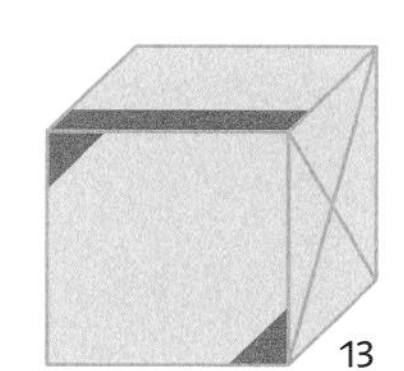
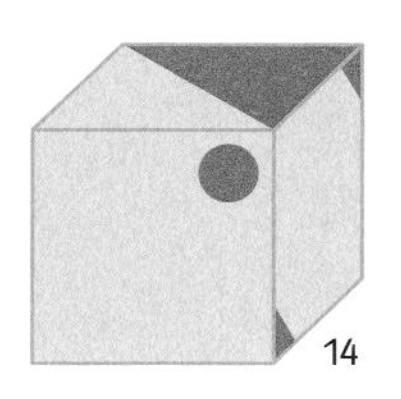
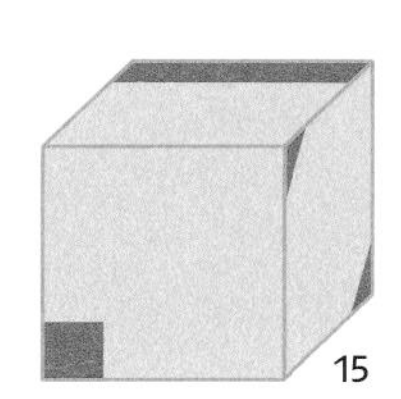

13 Domino – Triomino

Viele Spiele bestehen aus einfachen Hilfsmitteln und Regeln, lassen jedoch sehr viele verschiedene Spielmöglichkeiten zu. Hinter Spielen stehen oft mathematische Überlegungen und Zusammenhänge. Solche Spiele fördern das Kombinationsvermögen.

Domino

Domino wird in unzähligen Varianten auf der ganzen Welt gespielt. Vieles über den Ursprung und die Geschichte des Spiels liegt im Dunkeln. Von China aus kam das Domino vermutlich im 18. Jahrhundert nach Europa.

Spielmaterial

Spielsteine, Dominos genannt, sind Rechtecke. Jedes dieser Rechtecke besteht aus zwei aneinandergefügten Quadraten. Auf jedem Quadrat sind Augenzahlen wie bei einem Spielwürfel aufgemalt. Anders als beim Würfel kommt beim Domino auch die Augenzahl „Null" vor.

Spielregeln

Es gibt viele verschiedene Spielmöglichkeiten mit den Dominosteinen. Eines dieser Spiele für zwei Personen verläuft folgendermaßen: Jede Person erhält gleich viele Dominosteine. Sie werden zufällig verteilt. Es wird ausgelost, wer den ersten Stein legen kann. Abwechselnd legt man die Steine zu einer Schlange. Dabei müssen zwei benachbarte Steine an den Berührungsseiten der Quadrate die gleiche Augenzahl aufweisen (siehe Abbildung). Wer als Erster keinen Stein mehr anlegen kann, hat verloren.

1 Führt dieses Spiel mehrmals durch.

2 Sind alle Steine, die man mit den Augenzahlen null bis sechs herstellen kann, in dem Spiel enthalten? Wenn nicht, welche fehlen? Wenn ja, begründe.

3 Vergleicht eure Ergebnisse und Vorgehensweisen.

4 Wie viele mögliche Spielsituationen gibt es nach drei Zügen, wenn jeder Spieler anlegen kann.

5 Beim Spiel mit Dominosteinen, die die Zahlen 0 bis 9 verwenden, haben drei Schüler folgende Rechnungen aufgestellt, um zu ermitteln, wie viele verschiedene Steine es geben kann:

A $1 + 2 + 3 + 4 + 5 + 6 + 7 + 8 + 9 + 10$
B $\frac{10 \cdot 11}{2}$
C $\frac{10 \cdot 9}{2} + 10$

Welche Überlegungen haben diese Schüler wohl angestellt?

L *Bei kombinatorischen Problemstellungen systematisch zählen.*

Triomino

Triomino ist eine „dreieckige Variante" des Dominos.

Spielmaterial

Die Spielsteine sind gleichseitige Dreiecke, die in den Ecken Zahlen von 0 bis 5 tragen. Spielsteine mit drei verschiedenen Zahlen kommen in zwei Varianten vor.

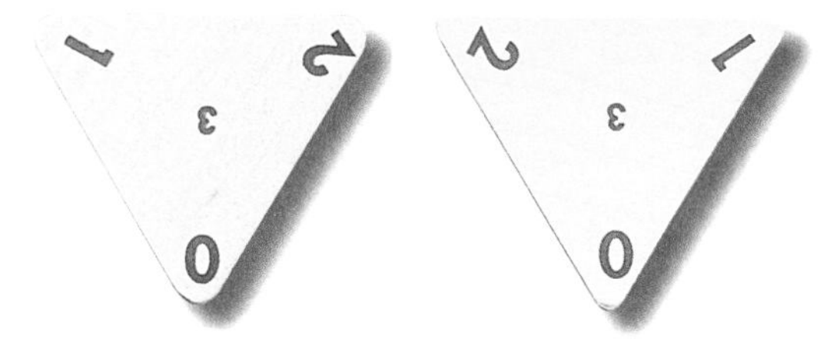

Diese beiden Triominos sind Spiegelbilder voneinander.
Sie gelten als verschieden.

6

a. Wie viele verschiedene Steine lassen sich herstellen, bei denen alle Zahlen gleich sind?
b. Wie viele verschiedene Steine mit zwei verschiedenen Zahlen lassen sich herstellen?
c. Wie viele verschiedene Steine mit lauter verschiedenen Zahlen lassen sich herstellen?
d. Stelle deine Überlegungen jeweils in Form einer Rechnung dar.
e. Kannst du deine Rechnung auch für andere Augenzahlen (wie z. B. 0 bis 6; 0 bis 7) nutzbar machen, indem du sie verallgemeinerst?

Spielregeln

Es gibt viele verschiedene Spielmöglichkeiten mit den Triominosteinen. Eines dieser Spiele für vier Personen verläuft folgendermaßen: Jede Person erhält gleich viele Triominosteine. Sie werden zufällig verteilt. Es wird ausgelost, wer den ersten Stein legen kann. Abwechselnd legt man die Steine aneinander. Dabei müssen zwei benachbarte Steine an den Berührungsseiten der Dreiecke in den Augenzahlen übereinstimmen (siehe Abbildung). Wer als Letzter einen Stein anlegen kann, hat gewonnen.

7 Wie viele mögliche Spielsituationen gibt es nach zwei Zügen, wenn der zweite Spieler anlegen kann.

8 Einzelspiel: Versuche die Triominosteine nach obiger Regel zu legen, ohne dass ein Stein übrig bleibt.

14 Knack die Box

Wie viele Hölzchen sind in der Box? Wie kann man es herausfinden?

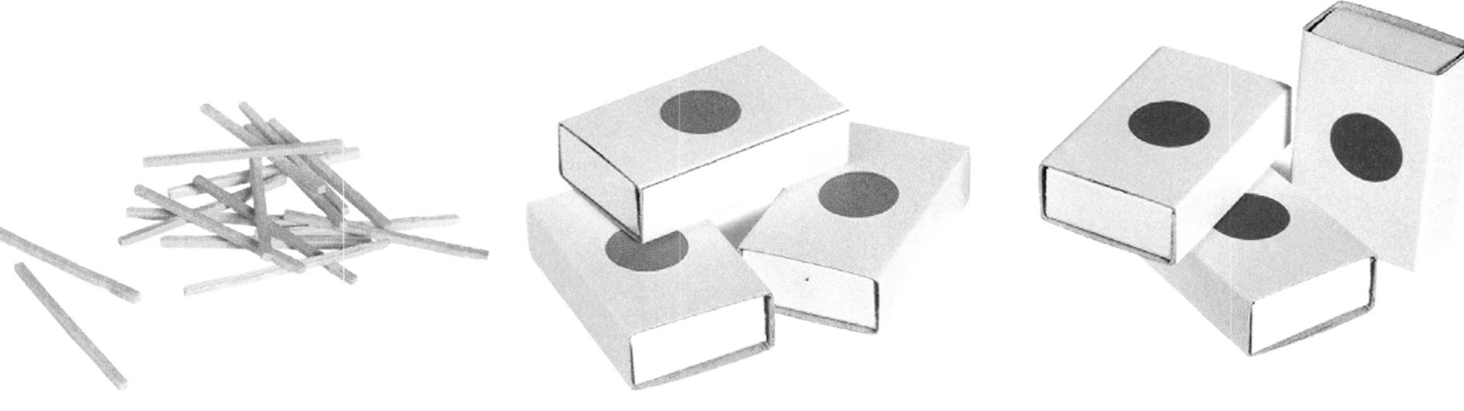

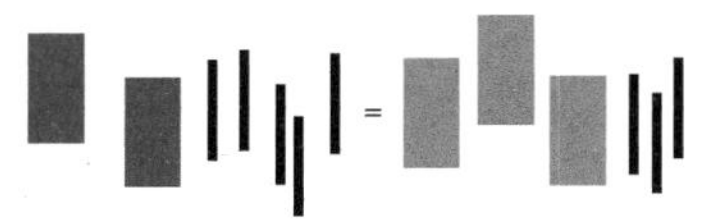

Boxen füllen

1

a. Lege mit Hölzchen und leeren Boxen nebenstehende Situation.
Fülle die Boxen nach folgenden Regeln:
   1. Beidseits des Gleichheitszeichens liegen gleich viele Hölzchen.
   2. In Boxen gleicher Farbe liegen jeweils gleich viele Hölzchen.

b. Wie viele Hölzchen können in den roten und blauen Boxen jeweils liegen?

c. Stellt euch gegenseitig ähnliche Aufgaben.

Boxen knacken

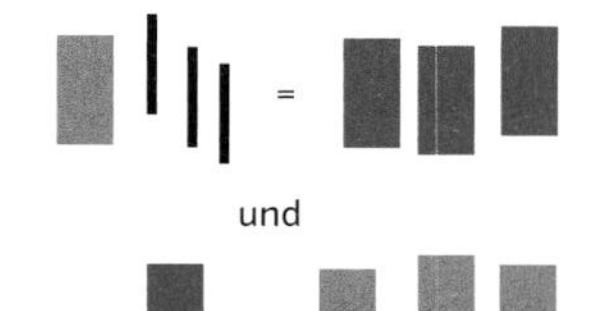

2

a. Legt nebenstehende Situationen. Jetzt müssen beide Gleichungen gleichzeitig erfüllt werden. Es gelten immer noch die Regeln:
   1. Beidseits des Gleichheitszeichens liegen jeweils gleich viele Hölzchen.
   2. In Boxen gleicher Farbe liegen in beiden Situationen gleich viele Hölzchen.

b. Knackt die Boxen.

c. Stellt euch gegenseitig ähnliche Aufgaben.

d. Sucht Aufgaben, die sich nicht lösen lassen.

Boxen kurz und bündig

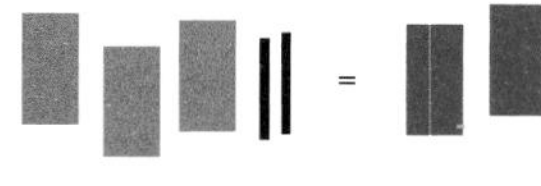

$3 \cdot y + 2 = 2 \cdot x$

3 Jede Boxenanordnung lässt sich in eine Gleichung übersetzen. Für die Anzahl Hölzchen in der blauen Box steht ein x, für die Anzahl in der roten Box ein y.

a. Welche Gleichung gehört zu welcher Boxenanordnung?

b. Zeichne die fehlende Boxenanordnung.

c. Erzeuge zu allen gezeichneten Boxenanordnungen von Aufgabe 1 und 2 die Gleichungen.

L *Bedeutung von Buchstaben in Termen und Gleichungen verstehen.*
Zusammenhänge zwischen Situationen, Texten, Tabellen und Termen erkennen sowie entsprechende Darstellungen erzeugen.

Von der Tabelle zur Boxenanordnung

4 In der Tabelle sind Zahlenpaare aufgelistet, die eine Gleichung erfüllen.
a. Ordne jeder Boxenanordnung die passende Tabelle zu.
b. Zeichne die fehlende Boxenanordnung.
c. Notiere jeweils die passende Gleichung.

Anordnung A

Anordnung B

Anordnung C

Tabelle 1

x	1	2	3	4	5	6
y	3	4	5	6	7	8

Tabelle 2

x	3	6	9	12	15	18
y	1	2	3	4	5	6

Tabelle 3

x	1	2	3	4	5	6
y	3	6	9	12	15	18

Tabelle 4

x	3	4	5	6	7	8
y	1	2	3	4	5	6

Vom Text zur Tabelle

5 Zeichne zu jedem Text eine passende Tabelle.
a. In einer roten Schachtel liegen drei Hölzchen mehr als in einer blauen.
b. In einer blauen Schachtel sind doppelt so viele Hölzchen wie in einer roten.
c. In einer blauen Schachtel sind halb so viele Hölzchen wie in einer roten.
d. In einer blauen und in einer roten Schachtel sind zusammen zehn Hölzchen.

6 Zeichne zu jedem Text aus Aufgabe 5 eine entsprechende Boxenanordnung.
Notiere jeweils die passende Gleichung.

Online-Link 700171-1401 Aufgabe 7

Boxen – Gleichung – Tabelle – Text

7 Jeweils eine Boxenanordnung, eine Gleichung, eine Tabelle und ein Text beschreiben die gleiche Situation. Welche gehören zusammen?

$2 \cdot x = x + 2$

x	1	2	3	4	5	6
y	2	4	6	8	10	12

In einer blauen Schachtel liegen vier Hölzer mehr als in einer roten.

$x = y + 4$

x	1	2	3	4	5	6
y	0	2	4	6	8	10

In zwei blauen Schachteln gibt es zwei Hölzer mehr als in einer roten.

$y + 2 = 2 \cdot x$

x	2					
y	–					

In einer roten Schachtel sind es doppelt so viele Hölzer wie in einer blauen.

$2 \cdot x = y$

x	5	6	7	8	9	10
y	1	2	3	4	5	6

In einer blauen Schachtel sind zwei Hölzer weniger als in zwei blauen Schachteln.

Wie viele Streichhölzer können aus einem Baumstamm hergestellt werden?

15 Wort – Bild – Term

Viele alltägliche Probleme lassen sich mithilfe eines mathematischen Modells beschreiben.

Ein Beispiel: Die *Blaue Karte* kostet jedes Jahr 10 Euro. Dafür erhält man bei jedem Kinobesuch, der normalerweise 8 Euro kostet, 1,50 Euro Rabatt.

Situation

Skizze

6,50
6,50
6,50
6,50
10

8
8
8
8

Tabelle

Anzahl der Kinobesuche	Preis in Euro mit Blauer Karte	Preis in Euro ohne Blaue Karte
0	10	0
1	16,50	8
2	23	16
3	29,50	24
4	36	32
5	42,50	40
6	49	48
7	55,50	56

Term

mit Blauer Karte: $10 + x \cdot 6{,}5$

ohne Blaue Karte: $x \cdot 8$

Texte und Skizzen

1 Marco und Anja tragen Prospekte aus. Die beiden Texte beschreiben unterschiedliche Situationen.

Text A

zuerst: Anja und Marco bedienen zusammen 220 Adressen.
dann: Marco gibt 30 Adressen an Anja ab.

Text B

zuerst: Marco bedient doppelt so viele Adressen wie Anja.
dann: Anja erhält noch 50 dazu und Marco erhält noch 20 dazu.

a. Was ist bei beiden Situationen gleich? Was ist verschieden?
b. Was weißt du am Anfang der Situationen? Was weißt du am Ende?
c. Suche mögliche Zahlen für den Anfang und das Ende der Situationen.
d. Stelle beide Situationen in einer Skizze dar.

2 Zwei der skizzierten Situationen (s. Arbeitsheft bzw. Online-Link) passen zu den Texten in Aufgabe 1.
a. Welche Skizze gehört zu welchem Text? Trage die Texte ein.
b. Wie könnte der Text zur anderen Skizze lauten? Trage ihn ein.
c. Vergleiche die Situation aus Aufgabe b. mit den beiden anderen. Was ist gleich? Worin unterscheiden sie sich?

Online-Link
700171-1501
Arbeitsheftseite

3 Skizziere auf einem leeren Blatt eine eigene Anja-und-Marco-Situation. Lasse von jemandem den Text dazu schreiben. Überprüfe, ob deine Skizze richtig verstanden worden ist.

4 Beschreibe auf einem leeren Blatt eine eigene Anja-und-Marco-Situation. Lasse sie von jemandem als Skizze darstellen. Überprüfe, ob die „Übersetzung“ geklappt hat.

L *Situationen erfassen, mit Worten beschreiben, mit Tabellen, Termen oder Skizzen darstellen.*

5 **Tabelle A**

vorher

Anjas Anzahl	Marcos Anzahl
40	80
70	140
90	180

nachher

Anjas Anzahl	Marcos Anzahl
70	50
100	110
120	150

Tabelle B

vorher

Anjas Anzahl	Marcos Anzahl
40	80
70	140
30	60

nachher

Anjas Anzahl	Marcos Anzahl
90	100
120	160
80	80

a. Eine der beiden Tabellen stellt eine Situation dar, die du bei Aufgabe 1 als Text findest. Übertrage die Zahlen in die entsprechende Tabelle im Arbeitsheft/Online-Link.
b. Übertrage die Zahlen der anderen Tabelle in die Situation IV im Arbeitsheft/Online-Link.
c. Mache auch zur Situation IV eine Skizze und schreibe einen Text.

Darstellung mit Variablen und Termen

6 Diese vier Darstellungen sind algebraische Modelle zu den vier Anja-und-Marco-Situationen (siehe Arbeitsheft/Online-Link). Ordne sie zu und übertrage sie.

	Anja	Marco
vorher:	x	y
Beziehung:	$x + y = 220$	
nachher:	$x + 50$	$y + 20$

	Anja	Marco
vorher:	x	y
Beziehung:	$2 \cdot x = y$	
nachher:	$x + 30$	$y - 30$

	Anja	Marco
vorher:	x	y
Beziehung:	$2 \cdot x = y$	
nachher:	$x + 50$	$y + 20$

	Anja	Marco
vorher:	x	y
Beziehung:	$x + y = 220$	
nachher:	$x + 30$	$y - 30$

7 Nehmt die Anja-und-Marco-Situation, die ihr bei 3 und 4 erfunden habt. Stellt sie als Tabelle und algebraisch dar.

8 So könnt ihr zu viert trainieren:
1. Jeder denkt sich eine Anja-und-Marco-Situation aus und stellt sie auf einem Blatt algebraisch dar.
2. Gebt das Blatt reihum weiter. Jeder verfasst zur erhaltenen algebraischen Darstellung einen Text.
3. Gebt das Blatt reihum weiter. Jeder zeichnet eine entsprechende Skizze.
4. Gebt das Blatt reihum weiter. Jeder erstellt eine Tabelle und setzt verschiedene Zahlen ein.

Gebt das Blatt reihum weiter. Jetzt hat jeder wieder sein eigenes Blatt.
Kontrolliert, ob eure Anja-und-Marco-Situation von den anderen richtig verstanden worden ist.

16 Potenzieren

Sicher hast du auch schon einmal eine Ketten-E-Mail erhalten. Dort werden oft Dinge versprochen, wenn man sie an viele Personen weiterleitet.

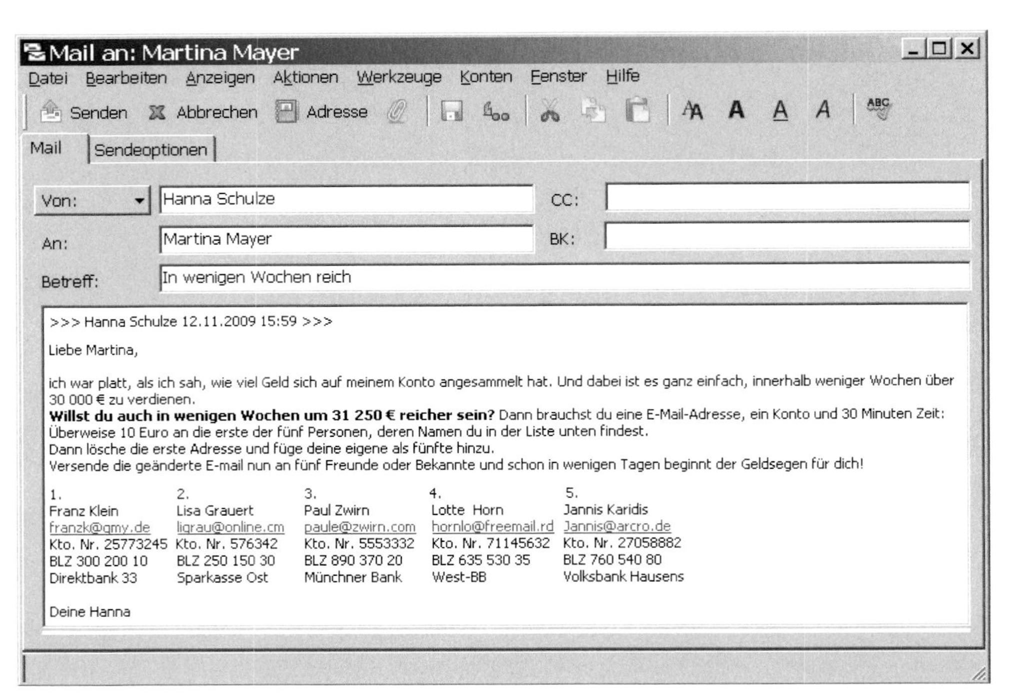

Mail an: Martina Mayer

Datei Bearbeiten Anzeigen Aktionen Werkzeuge Konten Fenster Hilfe

Senden Abbrechen Adresse

Mail | Sendeoptionen

Von: Hanna Schulze CC:

An: Martina Mayer BK:

Betreff: In wenigen Wochen reich

>>> Hanna Schulze 12.11.2009 15:59 >>>

Liebe Martina,

ich war platt, als ich sah, wie viel Geld sich auf meinem Konto angesammelt hat. Und dabei ist es ganz einfach, innerhalb weniger Wochen über 30 000 € zu verdienen.
Willst du auch in wenigen Wochen um 31 250 € reicher sein? Dann brauchst du eine E-Mail-Adresse, ein Konto und 30 Minuten Zeit:
Überweise 10 Euro an die erste der fünf Personen, deren Namen du in der Liste unten findest.
Dann lösche die erste Adresse und füge deine eigene als fünfte hinzu.
Versende die geänderte E-mail nun an fünf Freunde oder Bekannte und schon in wenigen Tagen beginnt der Geldsegen für dich!

1.	2.	3.	4.	5.
Franz Klein	Lisa Grauert	Paul Zwirn	Lotte Horn	Jannis Karidis
franzk@gmy.de	ligrau@online.cm	paule@zwirn.com	hornlo@freemail.rd	Jannis@arcro.de
Kto. Nr. 25773245	Kto. Nr. 576342	Kto. Nr. 5553332	Kto. Nr. 71145632	Kto. Nr. 27058882
BLZ 300 200 10	BLZ 250 150 30	BLZ 890 370 20	BLZ 635 530 35	BLZ 760 540 80
Direktbank 33	Sparkasse Ost	Münchner Bank	West-BB	Volksbank Hausens

Deine Hanna

Gesetz gegen den unlauteren Wettbewerb, § 16 Abs. 2

Wer es im geschäftlichen Verkehr unternimmt, Verbraucher zur Abnahme von Waren, Dienstleistungen oder Rechten durch das Versprechen zu veranlassen, sie würden entweder vom Veranstalter selbst oder von einem Dritten besondere Vorteile erlangen, wenn sie andere zum Abschluss gleichartiger Geschäfte veranlassen, die ihrerseits nach der Art dieser Werbung derartige Vorteile für eine entsprechende Werbung weiterer Abnehmer erlangen sollen, wird mit Freiheitsstrafe bis zu zwei Jahren oder mit Geldstrafe bestraft.

1 Stell dir vor, du versendest diese Ketten-E-Mail weiter.

a. Erkläre anhand des Baumdiagramms, was geschieht.

b. Wie viele Empfänger gibt es in der 4. Ebene, wie viele in der 5. Ebene, wenn alle mitmachen?

c. Wie kommt der Versender der E-Mail auf die Summe von 31520 Euro?

d. Wann hätten alle 80 Millionen Einwohner Deutschlands eine E-Mail erhalten?

e. Eine ähnliche Mail soll an drei Bekannte versandt werden. Zeichne ein Baumdiagramm.

f. In Deutschland sind Systeme dieser Art verboten (siehe Randtext). Kannst du dir denken, warum?

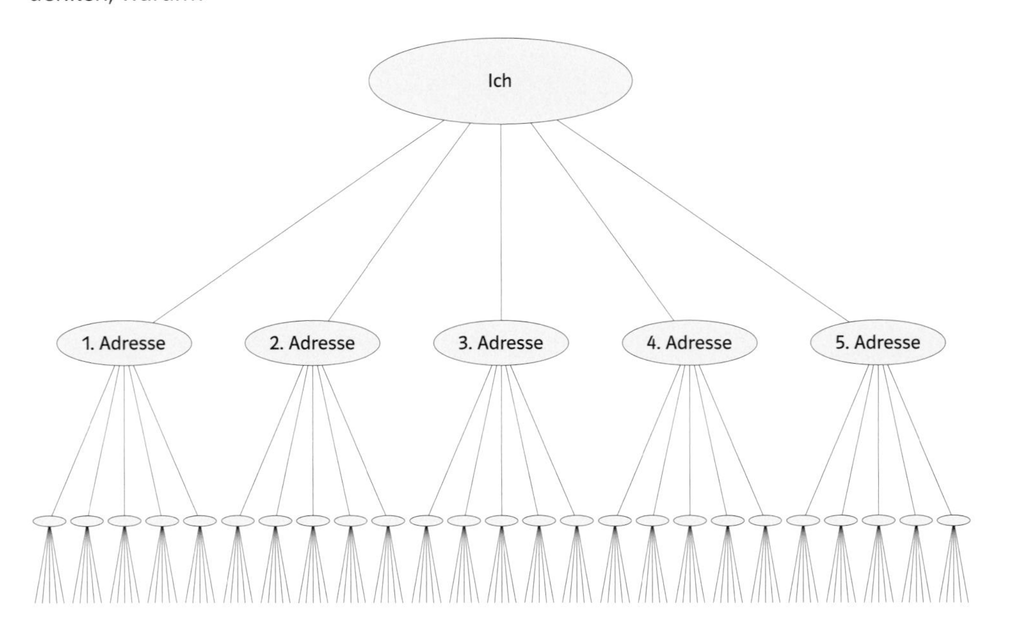

L Erfahrungen mit der Operation „Potenzieren" sammeln.
Potenzen darstellen und berechnen.

2 Stimmen folgende Behauptungen zur Ketten-E-Mail?

a. 125 Leute erhalten eine Mail, auf der du an die vierte Stelle gerückt bist.

b. Alle erhalten die Ketten-Mail nur einmal.

c. Ein Baumdiagramm mit 6 Ebenen passt auf ein DIN-A4-Blatt.

d. Wenn man statt fünf E-Mails zehn verschickt, dann verbreitet sich die Mail doppelt so schnell.

Summe

$a + b$

(a und b heißen Summanden)

Die mehrfache Addition gleicher Summanden schreibt man als Multiplikation.

$a + a + a + a + a = 5 \cdot a$

Produkt

$n \cdot a$

(n und a heißen Faktoren)

Die mehrfache Multiplikation gleicher Faktoren schreibt man als Potenz.

$a \cdot a \cdot a \cdot a \cdot a = a^5$

Potenz

a^n

(a heißt Basis, n heißt Exponent)

Potenzieren hat Vorrang vor der Multiplikation.

3 Erstelle Tabellen in der folgenden Art und erweitere sie.

a	0	1	2	3	4	...
$a + 2$						
$a \cdot 2$						
a^2						
$a + 5$						
$a \cdot 5$						
a^5						
...						

a	1	2	3	5	10	20	...
a^2							
a^3							
a^4							
a^5							
...							

a	1	2	3	5	10	20	...
2^a							
3^a							
4^a							
5^a							
...							

4 Überprüfe die folgenden Behauptungen mit natürlichen Zahlen.

a. $a \cdot 2$ ist immer kleiner als $a + 2$.

b. $a \cdot 2$ ist immer kleiner als a^2, wenn a größer als 2 ist.

c. Es gibt eine natürliche Zahl, für die gilt: $a + 2 = a^2$.

5 Kannst du begründen, warum diese Ungleichungen fast immer gelten? Könnte es Zahlen geben, für die sie nicht gelten?

a. $n^3 \leqq 3^n$

b. $5^n > 5 \cdot n$

c. Stelle selbst eine Ungleichung auf, die für ein paar Zahlen gilt, aber nicht für alle.

17 Boccia – Pétanque – Boule

Boccia, Pétanque und Boule sind Namen für Kugelspiele, die im Freien gespielt werden. Die Spielidee ist immer die gleiche: Man versucht, die eigenen Kugeln näher an eine Zielkugel (Schweinchen, Cochonnet, But oder Pallina) zu platzieren als das gegnerische Team.

Spielregeln: Boule (Jeu Pétanque)

Es spielen zwei Teams gegeneinander. Ein Team besteht entweder aus zwei Spielenden mit je drei Kugeln oder aus drei Spielenden mit je zwei Kugeln.

Spielverlauf

Team Grün beginnt. Der erste Spieler zeichnet einen Kreis und stellt sich hinein. Er wirft das Schweinchen 6 – 10 m weit und anschließend seine 1. Kugel möglichst nahe zum Schweinchen.

Nun stellt sich der erste Spieler von Team Rot in den Kreis und versucht, seine erste Kugel näher beim Schweinchen zu platzieren als die Kugel von Grün. Die Spieler von Team Rot werfen so lange, bis mindestens eine ihrer Kugeln näher beim Schweinchen liegt als die beste Kugel von Team Grün.

Jetzt ist wieder Team Grün an der Reihe.

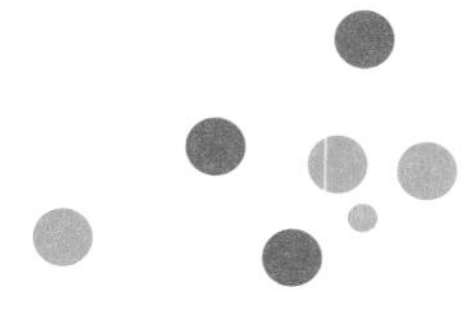

Wenn ein Team keine Kugeln mehr hat, werfen die Spieler des anderen Teams ihre restlichen Kugeln. Danach werden die Punkte gezählt. Gewinnpunkte bringen alle Kugeln, die näher beim Schweinchen liegen als die beste Kugel des gegnerischen Teams.

Gewinnpunkte

Sind die Punkte gezählt, wird ein neuer Kreis gezogen und die nächste Runde beginnt mit dem Team, welches zuletzt Punkte erzielt hat.

Team Grün gewinnt einen Punkt.

Team Rot gewinnt zwei Punkte.

Schluss des Spiels

Das Team, das zuerst 13 Punkte erreicht, gewinnt das Spiel.

L *Geometrische Grundkonstruktionen verstehen und exakt zeichnen.*

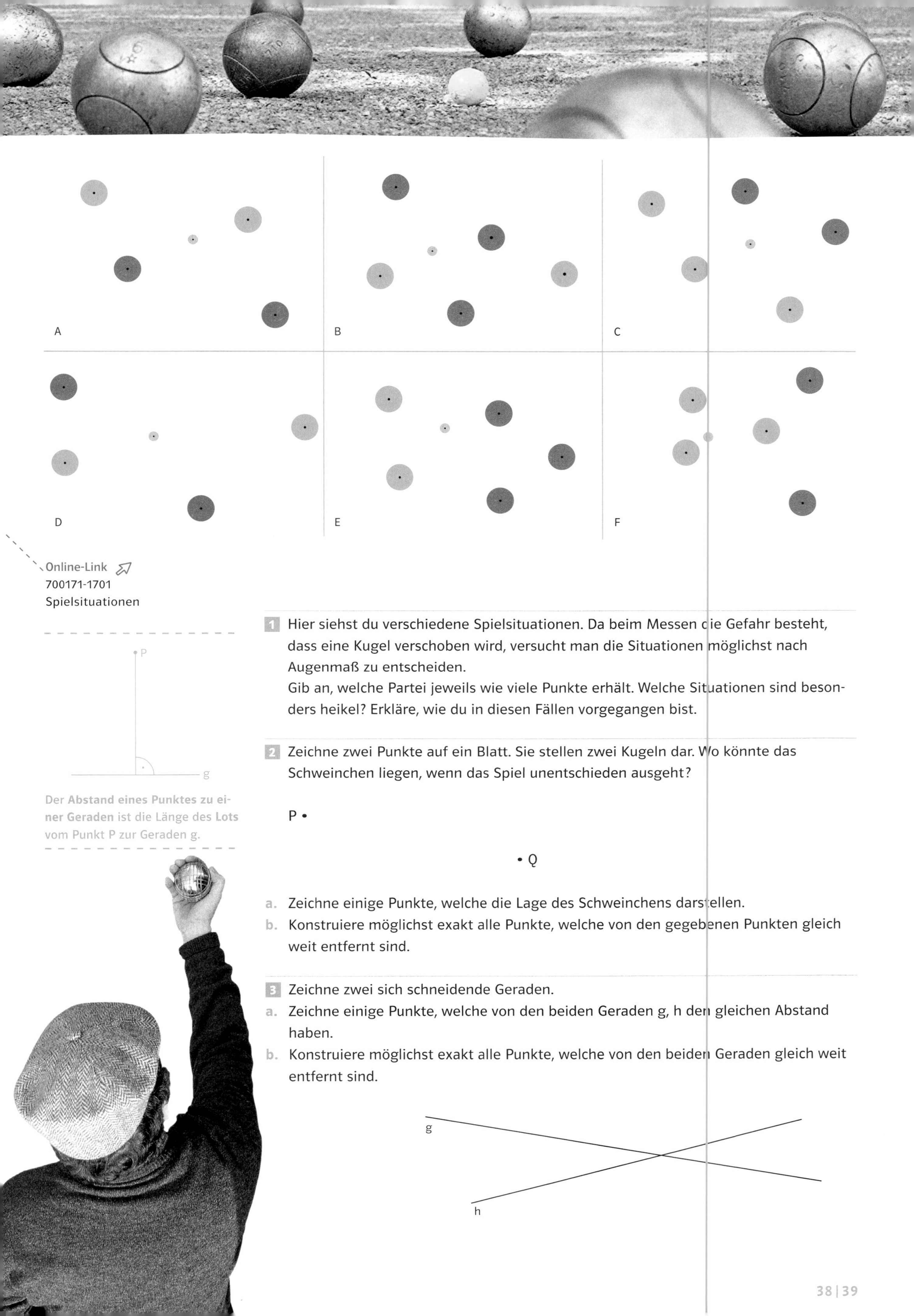

Online-Link
700171-1701
Spielsituationen

Der **Abstand eines Punktes zu einer Geraden** ist die Länge des **Lots** vom Punkt P zur Geraden g.

1 Hier siehst du verschiedene Spielsituationen. Da beim Messen die Gefahr besteht, dass eine Kugel verschoben wird, versucht man die Situationen möglichst nach Augenmaß zu entscheiden.
Gib an, welche Partei jeweils wie viele Punkte erhält. Welche Situationen sind besonders heikel? Erkläre, wie du in diesen Fällen vorgegangen bist.

2 Zeichne zwei Punkte auf ein Blatt. Sie stellen zwei Kugeln dar. Wo könnte das Schweinchen liegen, wenn das Spiel unentschieden ausgeht?

a. Zeichne einige Punkte, welche die Lage des Schweinchens darstellen.
b. Konstruiere möglichst exakt alle Punkte, welche von den gegebenen Punkten gleich weit entfernt sind.

3 Zeichne zwei sich schneidende Geraden.
a. Zeichne einige Punkte, welche von den beiden Geraden g, h den gleichen Abstand haben.
b. Konstruiere möglichst exakt alle Punkte, welche von den beiden Geraden gleich weit entfernt sind.

18 Auf Biegen und Brechen

Sicherlich hast du schon festgestellt, dass sich dein Lineal gut biegen lässt. Aber wie viel hält es eigentlich aus?

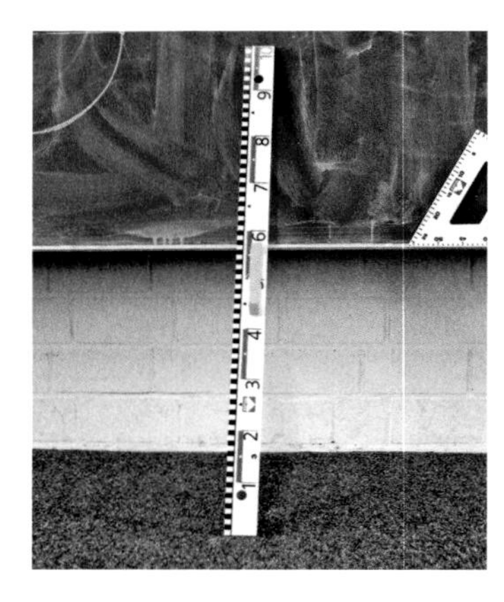

Legt euer Tafellineal auf zwei etwa 8 cm hohe Holzklötze. Die Enden gucken knapp über die Klötze hinweg. Stellt hinter das Lineal einen mit Papier beklebten Schuhkarton. Markiert auf dem Papier die untere Kante des Lineals.

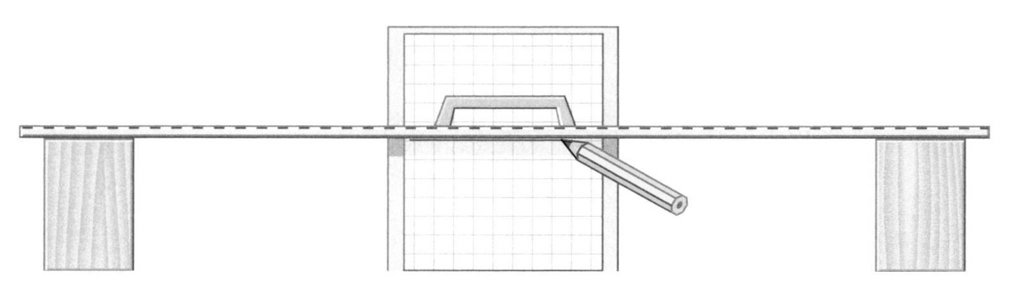

1 Besorgt euch verschiedene Gewichte und stellt sie in die Mitte auf das Lineal.
Wie weit biegt sich das Lineal durch?
Übertragt die Tabelle in euer Heft und notiert die Ergebnisse in einer Wertetabelle.

Gewicht in g	0	100	200	
„Biegung“: Abstand von der normalen Höhe in mm	0			

2 Jemand nennt das Gewicht seiner Schultasche. Sagt voraus, wie weit sich das Lineal biegen wird, wenn die Schultasche auf das Lineal gestellt wird.
Stimmen eure Vorhersagen mit den wahren Werten überein?
Ergänzt eure Wertetabelle. Auf welcher Annahme beruht eure Aussage?

Ist das Verhältnis zwischen zwei zugeordneten Größen immer gleich, so spricht man von **Proportionalität.**

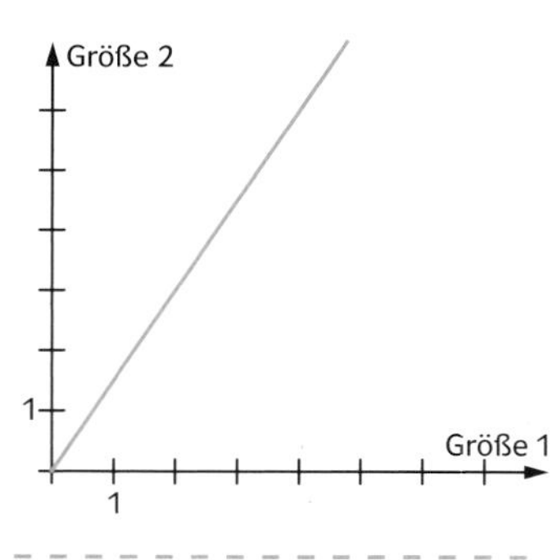

3 Bei welchem Gewicht biegt sich das Lineal bis zum Boden durch?
a. Macht Voraussagen und überprüft sie.
b. Kontrolliert, ob dieses Experiment das Lineal verändert hat.

4 Stellt die Wertepaare für das Lineal in einer Grafik dar. Beschreibt den Zusammenhang zwischen Gewicht und Biegung.

5 Führt die Experimente mit Linealen aus verschiedenen Materialien durch. Notiert eure Ergebnisse in Wertetabellen und stellt die Zuordnung grafisch dar. Was beobachtet ihr?

6 Überlegt, womit man ähnliche Experimente anstellen könnte.

L *Proportionale und antiproportionale Zuordnungen erkennen und darstellen sowie Grenzen der Modelle sehen.*

Rechtecke mit gleichem Flächeninhalt

7 Nimm kariertes Papier. Schneide daraus verschiedene Rechtecke mit der Fläche von 48 Kästchen. Vergleicht die Rechtecke untereinander.

a. Wie viele verschiedene Rechtecke habt ihr gefunden?

b. Wie viele verschiedene Rechtecke mit der Fläche von 48 Kästchen sind denkbar?

c. Färbe alle Rechtecke unterschiedlich und notiere deren Länge und Breite.

d. Übertrage alle Werte in eine Wertetabelle.

Länge in cm								
Breite in cm								

Ist der Wert des Produktes zweier zugeordneter Größen x und y immer gleich, so spricht man von **umgekehrter Proportionalität** oder **Antiproportionalität.**

8 Zeichne zwei senkrechte Achsen auf kariertes Papier. Klebe deine Rechtecke im rechten Winkel so übereinander, wie die Abbildung zeigt.
Nimm an, du würdest noch weitere solche Rechtecke mit einer Fläche von 48 Kästchen aufkleben.
Wo liegt dann jeweils die rechte obere Ecke? Zeichne diese Punkte ein.

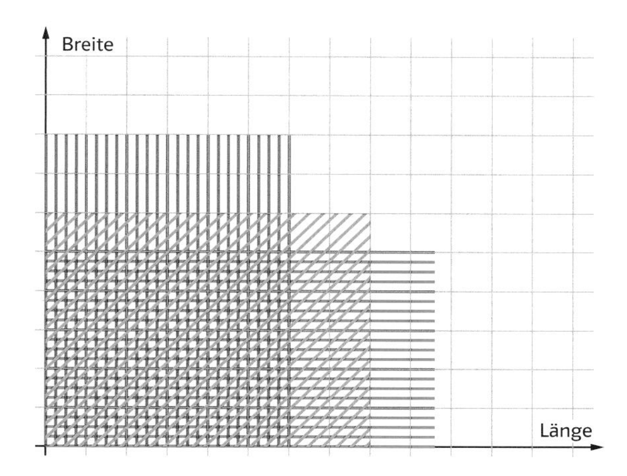

9 Vergleiche die Wertetabelle in Aufgabe 7 mit der Grafik in Aufgabe 8.

a. Beschreibe die Zusammenhänge in eigenen Worten.

b. Begründe, warum diese Abhängigkeit keine proportionale Zuordnung ist.

10 Beispiel einer Wertetabelle für Proportionalität

x	1	2	3	4	5	6	7	8	...
y	9	18	27	36	45	54	63	72	...

Beispiel einer Wertetabelle für umgekehrte Proportionalität

x	1	2	3	4	6	8	9	12	...
y	144	72	48	36	24	18	16	12	...

Beschreibe die Zusammenhänge in Worten und stelle sie mithilfe der Variablen x und y dar.
Woran erkennst du in einer Wertetabelle proportionale Zuordnungen, woran umgekehrt proportionale Zuordnungen? Beschreibe mit eigenen Worten.

19 Gebrochene Zahlen

50 %; $\frac{1}{2}$; 0,5; $\frac{50}{100}$ – Gebrochene Zahlen begegnen dir als Bruchzahl, Dezimalbruch oder als Prozentzahl.
Kannst du Zahlen durchbrechen?

Vermietungen	
EFH, 5 1/2 Zimmer, Küche,	4 ZK
Bad, Dusche, Garage, Stell-	KM 5
platz. Eine Viertelstunde	Tel.:
vom Zentrum, waldnah,	2 ZK
ruhige Sackgasse.	Altba
KM 750 €, NK 240 €,	460
Kaution 1,5 Monatsmieten.	Chiff
Bei Gartenpflege um 10 %	DHH
reduzierte KM.	Altba
Maklerprovision 2,5 %	460
Tel.: 05231-32816	Chiff
3 ZKB in verkehrsgünstiger	3 ZK
Lage, neu renoviert, Heizung	98 qn

1

a. Notiert alle gebrochenen Zahlen, die in der Annonce vorkommen.
b. Überlegt, in welchen Situationen eher Bruchzahlen, Dezimalbrüche oder eher Prozentzahlen vorkommen. Diskutiert, welches die Vorteile der einzelnen Darstellungen sind.

2 Stifado ist eine griechische Spezialität.

(Rezept für 4 Personen)

1 kg Rinderbraten
1 kg kleine Zwiebeln
$\frac{1}{2}$ Tasse Olivenöl
etwas Salz und Pfeffer
2 Lorbeerblätter
1 Zweig Rosmarin
9 Pfefferkörner
2 Esslöffel Tomatenmark
1 Tasse Wasser
$\frac{1}{2}$ Tasse Rotwein
$\frac{1}{4}$ Tasse Essig

Das Fleisch in große Würfel schneiden. Die Zwiebeln schälen und sofort in Wasser legen. In einem geeigneten Topf das Öl erhitzen und das Fleisch anbraten, salzen und pfeffern. Die Zwiebeln, die Lorbeerblätter, den Rosmarin und die Pfefferkörner hinzugeben. Das Tomatenmark mit dem Wasser verrühren und den Wein hinzufügen. Alles zugedeckt bei milder Hitze $1\frac{1}{2}$ Stunden garen. Ab und zu Umrühren.
Kali Orexi!

a. Crisula will ihre Eltern mit einem selbst gekochten Stifado überraschen. Was muss sie alles einkaufen?
b. Für eure ganze Klasse soll ein Stifado gekocht werden. Schreibt einen Einkaufszettel.
c. Der Vater kauft 30 % mehr Braten als in dem Rezept vorgesehen sind. Für wie viele Personen könnte der Stifado reichen?

L *Verschiedene Darstellungen von gebrochenen Zahlen situationsgerecht verwenden und ihre Zusammenhänge verstehen.*

Übergewicht – jedes fünfte Kind in Deutschland ist zu dick!

Übergewicht bei Kindern und Jugendlichen ist ein Problem, das immer mehr um sich greift: Inzwischen sind etwa 20 Prozent der Kinder in der Bundesrepublik übergewichtig. Die Tendenz ist steigend – Fachleute sprechen bereits von einer Epidemie.

3 Paul hat den Artikel in der Zeitung gelesen.

a. Er überlegt, wie viele Kinder in Deutschland wohl übergewichtig sind.

b. Er betrachtet seinen Körper und überlegt, ob er nicht auch etwas zu dick ist. Er ist 13 Jahre alt, 165 cm groß und wiegt etwa 60 kg. Im Internet stellt er fest, dass er einen Kinder-Body-Mass-Index von 22 hat, optimal wäre allerdings ein BMI von 19. Paul weiß, dass man als übergewichtig gilt, wenn man mehr als 25 % über dem optimalen BMI liegt.

c. Eine weitere Nachforschung im Internet ergibt, dass sein Kalorienbedarf bei etwa 2000 kcal pro Tag liegt. Er schaut auf seine Chipstüte und ruft: „Das ist ja fast der halbe Tagesbedarf."

d. Pauls Freund will zwar abnehmen, aber nicht auf seine geliebten Chips verzichten. Deshalb greift er zu Bio-Kartoffelchips. Da hat eine Portion (25 g) nur 132 kcal. Was meint ihr dazu?

e. Um abzunehmen, will Paul nur noch 1500 kcal am Tag zu sich nehmen. Er rechnet: „20 % davon beim Frühstück, $\frac{1}{3}$ der Menge mittags und beim Abendbrot so viel wie beim Frühstück. Dann bleiben noch 600 kcal für Getränke, Süßigkeiten und Chips." Überprüft diese Rechnung und überlegt, ob das eine gesunde Ernährung ist.

Der Alkoholgehalt im Blut wird mit Promille angeben (‰). Promille bedeutet von Tausend. 10 ‰ = 1 %

4 Der Alkoholgehalt von Getränken wird in Volumenprozent angegeben. So enthält Bier etwa 5 % Alkohol und Wein zwischen 10 % und 15 % Alkohol. Wenn man am Straßenverkehr teilnimmt, sollte man grundsätzlich keinen Alkohol trinken.

a. Bei 1,1 ‰ Blutalkoholgehalt beginnt die absolute Fahruntüchtigkeit. Erläutere, was 1,1 ‰ bedeutet und drücke den Alkoholgehalt in Prozent aus. Warum hat man den Begriff Promille wohl eingeführt?

b. Als fahruntüchtig gilt man, wenn man mehr als 0,05 % Alkohol im Blut hat. Gerät man in eine Polizeikontrolle, so muss man den Führerschein für eine gewisse Zeit abgeben. Bei 0,3 ‰ beginnt die relative Fahruntüchtigkeit. Veranschaulicht diese Bestimmungen.

5 Wandelt man eine Bruchzahl in einen Dezimalbruch um, so erhält man entweder einen abbrechenden Dezimalbruch oder einen periodischen Dezimalbruch.

a. Gib mithilfe deines Taschenrechners die Dezimalbruchschreibweise für $\frac{4}{5}$, $\frac{1}{9}$, $\frac{5}{6}$, $\frac{6}{7}$, $\frac{2}{11}$, $\frac{4}{15}$, … an. Nutzt dir der Taschenrechner bei $\frac{1}{19}$ etwas? Begründe. Matthias meint, dass $\frac{1}{19}$ in der Dezimalbruchschreibweise periodisch ist. Was meinst du dazu?

b. Finde die zugehörige Bruchdarstellung zu 0,6; 0,375; 1,4; $1,\overline{3}$; $0,0\overline{83}$; $0,91\overline{6}$; $0,\overline{18}$; $0,\overline{857142}$; … und präsentiere deine Ergebnisse.

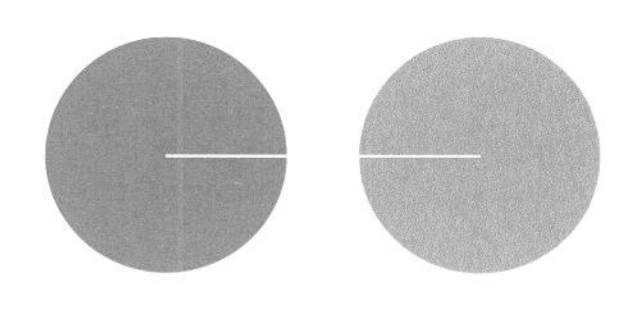

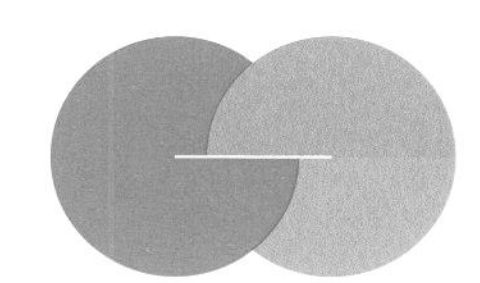

6 Schneide zwei verschiedenfarbige Kreisscheiben mit einem Radius von 5 cm aus. Schneide bei jeder Kreisscheibe bis in die Mitte ein. Nun stecke die beiden Kreisscheiben ineinander. Wenn du an den Scheiben drehst, erhältst du zwei verschieden gefärbte Kreisausschnitte. Stelle verschiedene Bruchteile ein und übertrage die Werte in eine Tabelle.

Zeichnung	Bruch	Dezimalbruch	Prozent
	$\frac{1}{3}$	$0,\overline{3}$	$33,\overline{3}$ %

20 Prozentsätze

Prozent (auf Lateinisch „Pro centum") heißt „von hundert". Man schreibt dafür %.

Die Aussage „20 % der Erdbevölkerung sind Europäer" bedeutet: Im Durchschnitt kommen 20 von 100 Menschen aus Europa.
„3 von 20 Schülerinnen und Schülern einer Klasse feiern dieses Jahr ihren Geburtstag an einem Sonntag." Weil $\frac{3}{20} = \frac{15}{100}$ sind, lässt sich diese Situation auch so beschreiben: „15 % der Schülerinnen und Schüler der Klasse haben dieses Jahr an einem Sonntag Geburtstag."

Der kleine Prinz
Die großen Leute haben eine Vorliebe für Zahlen. Wenn ihr ihnen von einem neuen Freund erzählt, befragen sie euch nie über das Wesentliche. Sie fragen euch nie: „Wie ist der Klang seiner Stimme? Welche Spiele liebt er am meisten? Sammelt er Schmetterlinge?" Sie fragen euch: „Wie alt ist er? Wie viele Brüder hat er? Wie viel wiegt er? Wie viel verdient sein Vater?" Dann erst glauben sie, ihn zu kennen.

Le petit prince
Les grandes personnes aiment les chiffres. Quand vous leur parlez d'un nouvel ami, elles ne vous questionnent jamais sur l'essentiel. Elles ne vous disent jamais : «Quel est le son de sa voix ? Quels sont les jeux qu'il préfère ? Est-ce qu'il collectionne les papillons ?» Elles vous demandent : «Quel âge at-il ? Combien at-il de frères ? Combien pèset-il ? Combien gagne son père ?» Alors seulement elles croient le connaître.

Il piccolo principe
I grandi amano le cifre. Quando voi gli parlate di un nuovo amico, mai si interessano alle cose essenziali. Non si domandano mai: «Qual è il tono della sua voce? Quali sono i suoi giochi preferiti? Fa collezione di farfalle?» Ma vi domandano: «Che età ha? Quanti fratelli? Quanto pesa? Quanto guadagna suo padre?» Allora soltanto credono di conoscerlo.

L *Prozentsätze berechnen.*

1 Einzelne Buchstaben kommen in verschiedenen Sprachen unterschiedlich häufig vor. Gibt man die Anzahl einzelner Buchstaben an, so spricht man von „absoluter Häufigkeit". Gibt man den Anteil einzelner Buchstaben in Prozenten an, so spricht man von „Prozentsätzen" oder „relativen Häufigkeiten". Bestimme die absoluten und die relativen Häufigkeiten der angegebenen Buchstaben im deutschen, französischen und italienischen Text (ohne Titel). Erstelle Tabellen.

318 Buchstaben			331 lettres			277 lettere		
	absolute Häufigkeit	relative Häufigkeit		fréquence absolue	fréquence relative		frequenza assoluta	frequenza relativa
a–z	318	100 %	a–z	331	100 %	a–z	277	100 %
a		... %	a, à, â		... %	a, à		... %
e	74	23 %	e, é, è	62	... %	e, è	24	... %
i		... %	i, î		... %	i		... %
o		... %	o, ô		... %	o		... %
u		... %	u, ù		... %	u		... %
ä, ö, ü	4							
Vokale	135	42 %	**voyelles**		... %	**vocali**		... %

2 Welche der folgenden Aussagen sind richtig? Begründet eure Entscheidung.
a. Zu zwei gleichen Prozentsätzen gehören immer die gleichen absoluten Häufigkeiten.
b. Zu gleichen absoluten Häufigkeiten gehören gleiche relative Häufigkeiten.
c. Ist die absolute Häufigkeit für einen Buchstaben 0, dann ist auch die relative Häufigkeit 0.
d. Die relative Häufigkeit kann nicht größer als 100 % sein.

3 Mit den Prozentangaben können wir die drei Sprachen miteinander vergleichen.
a. In welcher Sprache treten prozentual am meisten Vokale auf?
b. In welcher Sprache tritt „e" prozentual am häufigsten auf?
c. In welcher Sprache tritt „i" prozentual am wenigsten häufig auf?
d. Eine der drei Sprachen besteht fast zur Hälfte aus Vokalen. Um welche handelt es sich?

4 Das Buch „Harry Potter und der Stein der Weisen" besteht in der deutschen Version aus 322 vollständig bedruckten Seiten. Jede Seite enthält im Durchschnitt 33 Zeilen. Jede Zeile enthält durchschnittlich 34 Buchstaben.
a. Wie häufig kommt der Buchstabe „e" im gesamten Band ungefähr vor?
b. Wie viele Seiten musst du lesen, um ungefähr 10 000 Vokale gesehen zu haben?
Erläutert in beiden Aufgabenteilen eure Rechnungen.

5 Untersucht und vergleicht eigene Texte.

Wie viele Buchstaben gibt es in einem Jahresabonnement einer Tageszeitung?

21 01000100_2, 01110101_2, 01100001_2, 01101100_2

Im Computer, im Taschenrechner und auch in deinem Handy sind nur Zahlen abgelegt, die wiederum ausschließlich aus den Ziffern 0 und 1 bestehen. Sie repräsentieren den Unterschied zwischen „kein Strom 0" und „Strom 1".

Binärzahlen oder Dualzahlen sind Zahlen, die nur aus den Ziffern 0 und 1 bestehen. Um diese Zahlen nicht mit Dezimalzahlen zu verwechseln, wird der Index 2 angehängt. Ein System aus solchen Zahlen heißt Binärsystem oder Dualsystem.

1 Es gibt zwei verschiedene einstellige Binärzahlen und vier verschiedene zweistellige Binärzahlen, nämlich 00_2, 01_2, 10_2 und 11_2.

a. Wie viele verschiedene 4-, 5-, 6-, 8-, 16-, 32-, ... stellige Binärzahlen gibt es?

b. Die Großbuchstaben des Alphabets werden zur Übermittlung in Binärzahlen umgewandelt. Wie viele Ziffern werden zum Senden eines Buchstabens benötigt? Begründet.

c. Als auch kleine Buchstaben und Ziffern mit gesendet werden sollten, benutzte man 7-stellige Binärzahlen. Überlegt, wie man auf diese Zahl gekommen ist.

d. Heutzutage codiert man Zeichen mit 8-stelligen (erweiterter ASCII) oder 16-stelligen (Unicode) Binärzahlen. Reichen wohl 16-stellige Binärzahlen, um alle Schriftzeichen, die es auf der Welt gibt, zu codieren?

2 Die Tabellenkalkulation kennt den ASCII-Code und kann diese Dezimalzahlen in das Binärsystem und in das Hexadezimalsystem umwandeln.

	A	B	C	D	E	F	G	H	I
1	Zeichen	ASCII	Binärzahl	Hexzahl		Zeichen	ASCII	Binärzahl	Hexzahl
2	A	65	01000001	41		a	97	01100001	61
3	B	66	01000010	42		b	98	01100010	62
4	C	67	01000011	43		c	99	01100011	63
5	D	68	01000100	44		d	100	01100100	64
6	E	69	01000101	45		e	101	01100101	65
7	F	70	01000110	46		f	102	01100110	66
8	G	71	01000111	47		g	103	01100111	67
9	H	72	01001000	48		h	104	01101000	68
10	I	73	01001001	49		i	105	01101001	69
11	J	74	01001010	4A		j	106	01101010	6A

a. Decodiert das Wort 01000001_2 01000110_2 01000110_2 01000101_2.

b. Wie wird das Wort „Dach" codiert?

c. Acht Schülerinnen und Schüler stellen sich vor die Klasse. Wenn sie keinen Arm heben, symbolisiert das eine 0_2, der gehobene Arm zeigt eine 1_2 an. Nun zeigen sie ein Wort an und der Rest der Klasse muss das Wort decodieren.

d. Vervollständigt die Tabelle mithilfe einer Tabellenkalkulation, codiert Texte und gebt sie euren Mitschülern und Mitschülerinnen zum Decodieren.

e. Vier Ziffern im Binärcode entsprechen immer einer Ziffer im Hexadezimalcode. So entspricht die 0000_2 der 0_{16} und 0001_2 der 1_{16}. Die 1010_2 entspricht dem A_{16}, was als Ziffer benutzt wird. Erstellt eine Zuordnungstabelle in eurem Heft.

f. Claudia hat mit ihrer Textverarbeitung einen Text geschrieben und in ihrem Computer abgelegt. In der dazugehörigen Datei stehen folgende Daten:

Offset (h)	00	01	02	03	04	05	06	07	08	09	0A	0B	0C	0D	0E	0F
00000000	48	65	75	74	65	20	68	61	62	65	6E	20	77	69	72	20
00000010	69	6D	20	4D	61	74	68	65	6D	61	74	69	6B	75	6E	74
00000020	65	71	71	69	63	68	74	20	FC	62	65	72	20	64	61	73
00000030	20	42	69	6E	E4	72	73	79	73	74	65	6D	20	67	65	73
00000040	70	72	6F	63	68	65	6E	2E								

Findet heraus, was Claudia geschrieben hat.

L *Zeichen codieren und Zahlen konvertieren.*

3 In einem Stellenwertsystem ist die Position einer Ziffer ausschlaggebend. Die Schreibweise der Dezimalzahl 1793 bedeutet:

$1793 = 1 \cdot 1000 + 7 \cdot 100 + 9 \cdot 10 + 3 \cdot 1$
$= 1 \cdot 10^3 + 7 \cdot 10^2 + 9 \cdot 10^1 + 3 \cdot 10^0$

Bei einer Binärzahl ist das entsprechend.

$01011101_2 = 0 \cdot 128 + 1 \cdot 64 + 0 \cdot 32 + 1 \cdot 16 + 1 \cdot 8 + 1 \cdot 4 + 0 \cdot 2 + 1 \cdot 1$
$= 0 \cdot 2^7 + 1 \cdot 2^6 + 0 \cdot 2^5 + 1 \cdot 2^4 + 1 \cdot 2^3 + 1 \cdot 2^2 + 0 \cdot 2^1 + 1 \cdot 2^0$
$= 64 + 16 + 8 + 4 + 1$
$= 93$

a. Wandle die Binärzahlen in das Dezimalsystem um: 00011011_2, 10011001_2, 11101100_2.
b. Wandle die Dezimalzahlen in das Binärsystem um: 7, 15, 22, 49.
c. Prüfe, ob dein Taschenrechner mit dem Binärsystem umgehen kann.

8 Bits = 1 Byte
1024 Bytes = 1 KB
1024 KB = 1 MB
1024 MB = 1 GB
1024 GB = 1 TB
1024 TB = 1 PB

4 Um eine Binärziffer abzuspeichern, braucht man einen Speicherplatz der Größe von einem Bit. Um ein Zeichen abzuspeichern, benötigt man 1 Byte.
a. Auf einer DIN-A4-Seite stehen 2000 Zeichen. Wie viele solcher DIN-A4-Seiten haben auf einer Diskette (720 KB), einer CD (700 MB), einer DVD (4,7 GB), einem USB-Stick (16 GB) und einer Festplatte (1 TB) Platz?
b. Eine SMS besteht aus einem Header und einem Body. Der Body enthält den zu verschickenden Text und darf maximal 1120 Bit lang sein. Alle Zeichen werden mit 7 Bit codiert. Wie viele Zeichen darf deine Textnachricht somit maximal enthalten?
c. Auf einer vollen Musik-CD sind 22 Titel gespeichert. Im MP3-Format wird im Vergleich etwa nur ein Zehntel des Speicherplatzes für ein Musikstück benötigt. Wie viele solcher Titel passen danach im MP3-Format auf einen Portable Media Player mit 80 GB?

5 Wenn ihr mit dem Handy telefoniert, werden eure Gesprächsdaten verschlüsselt. Dazu wird eine 64 Bit lange Schlüsselzahl festgelegt, mit der dann verschlüsselt wird.
a. Wie viele solcher verschiedener Schlüssel sind möglich?
b. Um die Verschlüsselung zu knacken, könnte man versuchen, alle Zahlen auszuprobieren. Wie lange brauchte dazu ein Computer, selbst wenn er in einer Sekunde 1 Milliarde Zahlen ausprobieren könnte?
c. Weil 10 Bits beim Schlüssel aber immer 0 sind, ist der Schlüssel eigentlich nur 54 Bit lang. Jemand hat 10 Computer zur Verfügung. Wertet.
d. Die Polizei und andere Personen, die ein spezielles Gerät verwenden, können die Gespräche mithören, ohne die Verschlüsselung zu knacken. Diskutiert, wie das wohl möglich sein könnte.

22 Schmetterling und Propeller

Du kannst viele Gegenstände in zwei symmetrische Teile zerlegen. Legst du an die gedachte Trennlinie einen Spiegel, so siehst du mithilfe des Spiegels den ganzen Gegenstand.

Im linken Bild sieht man 100 geöffnete Fallschirme, die eine sogenannte Kappenformation bilden – alle Fallschirmspringer haben ihre Fallschirme (Kappen) geöffnet. Im rechten Bild sind 200 Fallschirmspringer in einer sogenannten Großformation zu sehen. Sie halten sich in der Luft aneinander fest und erzeugen so schöne Bilder am Himmel.

1

a. Kannst du in diesen Fotos Symmetrien entdecken? Wie ist es, wenn du die Farben nicht beachtest?
b. Versucht, euch auf dem Schulhof ähnlich aufzustellen wie die Fallschirmspringer.
c. Denkt euch eigene Anordnungen aus und stellt sie im Schulhof nach. Beschreibt, wie ihr vorgehen müsst und welche Symmetrien ihr so erzeugt habt.

2 Kannst du selbst symmetrische Figuren zeichnen? Manche Figuren haben mehr als nur eine Symmetrieachse, gelingt dir auch das Zeichnen solcher Figuren?

Ist ein Propeller symmetrisch?

Das Bild eines Schmetterlings ist achsensymmetrisch.
Aber wie steht es mit dem Bild eines Propellers?

Statt mit einem Spiegel kann man Achsensymmetrie auch mithilfe einer eingezeichneten Symmetrieachse überprüfen.

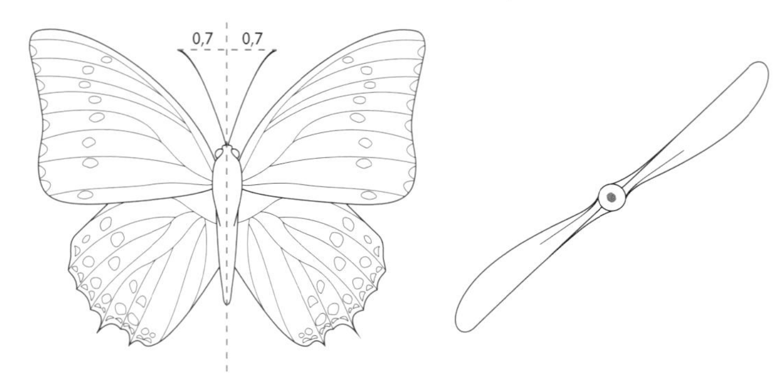

3 Durch welche Bewegung vertauschen die beiden Flügel des Propellers ihre Plätze?

4 Erfinde andere Figuren, die „propellersymmetrisch" sind.

L *Achsen- und Punktsymmetrie wahrnehmen, unterscheiden und erzeugen.*

Sind Spielkarten symmetrisch?

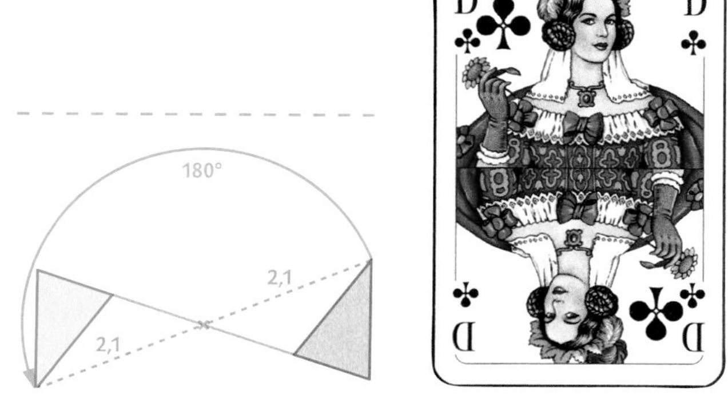

Viele Spielkarten sind in der gleichen Art symmetrisch wie das Bild eines Propellers. Diese Art von Symmetrie heißt **Punktsymmetrie**. Das Zentrum heißt **Symmetriepunkt** oder **Symmetriezentrum**. Nach einer Drehung um 180° um den Mittelpunkt sieht das Bild wieder gleich aus.

5

a. Was unterscheidet die beiden Karten?
b. Welche ist richtig?
c. Was stimmt an der anderen nicht?

Achsensymmetrie und Punktsymmetrie

Diese vier Bilder hat der aus Ungarn stammende französische Maler Victor Vasarely gemalt. Viele seiner Bilder hat er streng nach geometrischen Regeln konstruiert. Dabei spielen Symmetrien eine große Rolle.

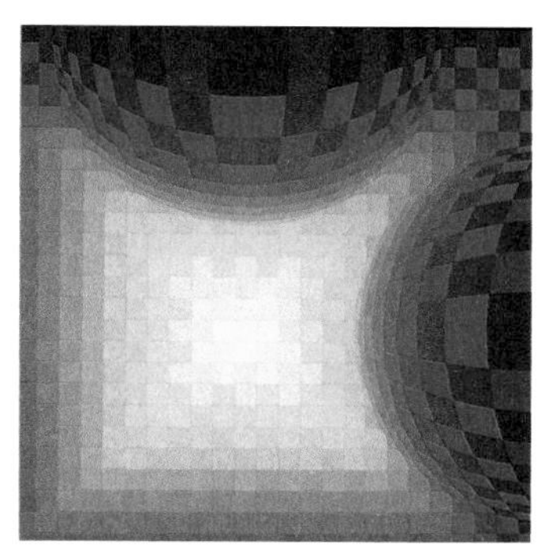

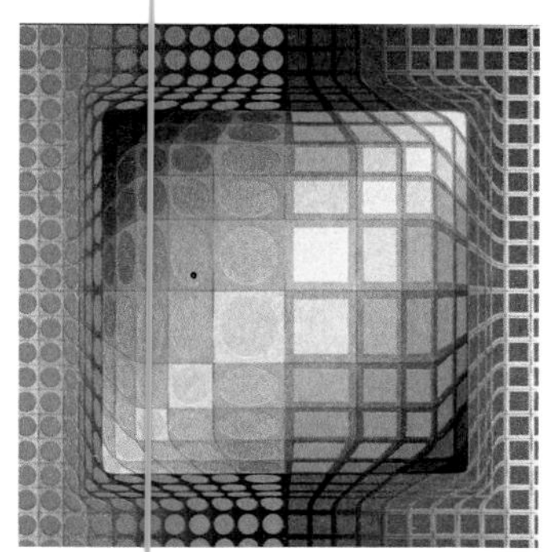

6 Stelle bei diesen Bildern fest, ob sie achsensymmetrisch, punktsymmetrisch, beides oder keines von beidem sind.

7 Zeichne die inneren vier Quadrate des letzten Bildes vergrößert nach. Färbe sie so, dass die Darstellung achsensymmetrisch wird.

8 Zeichne ein eigenes Bild mit Kreisen und Quadraten so, dass
a. es punktsymmetrisch wird.
b. es sowohl achsen- als auch punktsymmetrisch wird.

Online-Link
700171-2201
Alle Bilder der Seite

23 Wählen

Wählen zu dürfen, ist ein wichtiges Recht. Auch in der Schule darfst du wählen: Klassensprecher, Schulsprecher, Vertrauenslehrer und manchmal auch Schulfächer.

Gestern waren die Wahlen zum Vertrauenslehrer. Wie jedes Jahr waren alle Schülerinnen und Schüler aufgefordert, die Lehrerin oder den Lehrer zu wählen, der sich um die Schülervertretung kümmert und an den sich die Schülerinnen und Schüler wenden können, wenn sie Probleme mit anderen Lehrerinnen und Lehrern haben.

Name	Frau Mager	Herr Dabrock	Herr Bollenbach	Frau Oldenburg
Stimmenanzahl	188	367	215	472

1 Beurteile die Aussagen aus der Schülerzeitung und begründe deine Meinung.

a. Herr Bollenbach bekam $\frac{2}{3}$ der Stimmen von Herrn Dabrock.
b. Frau Oldenburg erhielt mehr als 35 % der Stimmen.
c. Fast jeder sechste Schüler wählte Frau Mager.
d. Die beiden Lehrerinnen haben zusammen die absolute Mehrheit der Stimmen.
e. Herr Dabrock hat 50 % mehr Stimmen als Frau Mager.
f. Die beiden Frauen haben 10 % mehr Stimmen geholt als die beiden Männer.

Grundwert (Gw): Das Ganze
Prozentsatz (Ps): Der Anteil
Prozentwert (Pw): Der Teil

2 In der Prozentrechnung gibt es feste Begriffe, die immer wieder benutzt werden. Der Grundwert bezeichnet das Ganze, also diejenige Zahl oder Größe, von der die Prozente berechnet werden. Der Prozentsatz gibt den Anteil an, mit dem gerechnet wird und den dazugehörenden Wert nennt man Prozentwert. Versuche, die einzelnen Begriffe wie im Beispiel den Aussagen aus Aufgabe 1 zuzuordnen.

Beispiel: Herrn Bollenbachs Stimmenanzahl beträgt ca. 45 % der Stimmenanzahl von Frau Oldenburg.
Die Stimmenanzahl von Frau Oldenburg, 472 Stimmen, ist das Ganze, also ist 472 der Grundwert. 45 % der Stimmenanzahl von Frau Oldenburg ist der Anteil, also ist 45 % der Prozentsatz. Dem Anteil entsprechend 215 Stimmen, also ist 215 der Prozentwert.

3 Da das Wahlverhalten in den einzelnen Klassen sehr unterschiedlich ist, wird angeregt, für die nächste Wahl in den Stufen 5 und 6 einen eigenen Vertrauenslehrer zu wählen. Aus diesen Klassen (143 Schüler) haben über 90 % der Schüler Frau Oldenburg gewählt.

a. Welche Folgen hätte es gehabt, wenn diese Regelungen schon in diesem Jahr gegolten hätte?
b. Schätze ab, wie viel Prozent der Stimmen Frau Mager unter diesen Bedingungen wahrscheinlich in den restlichen Klassenstufen gehabt hätte.

L *Grundwerte, Prozentwerte und Prozentsätze berechnen.*

4 Es soll, für den Fall einer Erkrankung, auch einen stellvertretenden Vertrauenslehrer geben. Ein Vorschlag ist, den oder die Zweitplatzierte zum Stellvertreter zu ernennen. Ein anderer Vorschlag ist, den Stellvertreter oder die Stellvertreterin extra zu wählen. Beurteile beide Vorschläge. Welchem stimmst du eher zu? Begründe.

5 Manchmal darf man bei Wahlen auch mehr als eine Stimme abgeben und kann dann einer Kandidatin oder einem Kandidaten auch mehr als eine Stimme geben. Das nennt man Kumulieren. Stell dir vor, du dürftest bei der Wahl zur Klassensprecherin oder zum Klassensprecher drei Stimmen abgeben.
Wie könnte sich das auf das Wahlergebnis auswirken?
Hätte das Folgen für dein Wahlverhalten? Wie würdest du wählen?

6 Einfache Prozentwerte und Prozentsätze sind leicht zu berechnen.

Prozentsatz	Prozentwert
100 %	70
2 %	
5 %	
12 %	
50 %	
10 %	
25 %	

Prozentsatz	Prozentwert
100 %	
50 %	
20 %	45
5 %	
	2,25
1,5 %	
2 %	

Prozentsatz	Prozentwert
100 %	
	75
2 %	2,5
110 %	
30 %	
	10
1 %	

Prozentsatz	Prozentwert
100 %	
3,5 %	
2 %	
	25,2
	180
34 %	
10 %	12

Prozentsätze können auch größer als 100 % sein.

a. Wie gehst du vor, wenn du die Tabellen mit möglichst wenig Aufwand ausfüllen möchtest? (Zeichne sie dazu bitte in dein Heft.)
b. Schreibe deinem Freund aus der 6. Klasse eine Anleitung und erkläre ihm, wie er im Kopf einfache Prozentwerte ausrechnen kann.
c. Gib für jede Tabelle eine Gleichung an, mit der man den Prozentwert bei gegebenem Prozentsatz in einem Schritt ausrechnen kann. Gib auch für die umgekehrte Rechnung (Prozentsatz ausrechnen bei gegebenem Prozentwert) eine Gleichung an.
d. Es gibt, wie du oben siehst, auch Prozentsätze, die größer als 100 % sind. Wie gehst du vor, wenn du einen Prozentwert zu einem solchen Prozentsatz berechnen sollst?
e. Was fällt dir auf, wenn du in einer Tabelle jeweils den Prozentwert durch den Prozentsatz teilst?

7 Wo kommen in deiner Umgebung Prozentangaben vor?
Finde Beispiele in der Zeitung oder in anderen Medien und bringe sie mit in die Schule. In welchem Zusammenhang kommen sie vor und welche Zusammenhänge werden damit deutlich gemacht?
Überprüfe Angaben auf ihre Richtigkeit und stelle selbst Aufgaben.

24 Gleisanlagen

Mit Termen kann man rechnen.

In einem H0-Starterset für eine Modelleisenbahn sind folgende Gleisstücke enthalten:

24 Stück Art.-Nr. 24130

4 Stück Art.-Nr. 24094

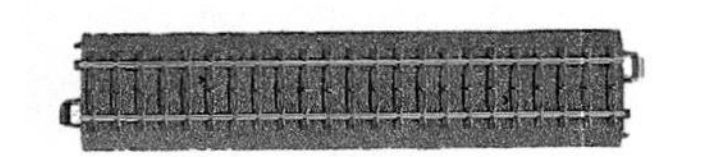

12 Stück Art.-Nr. 24172

Aus den Schienenstücken kann man verschiedene Gleisanlagen bauen:

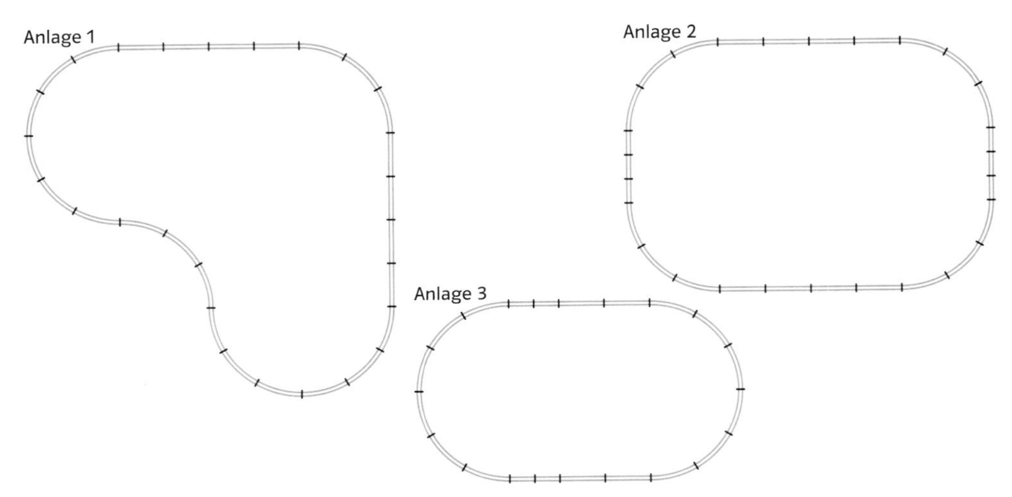

Die Modellbahnbaugröße H0 ist die am weitesten verbreitete Größe in Deutschland. Ihr Maßstab beträgt 1 : 87.

1 Die einzelnen Gleisstücke haben folgende Längen a, b, c:

Gebogenes Gleis (Bogenlänge außen)	Art.-Nr. 24130	a = 188,5 mm
Gerades Gleis (kurz)	Art.-Nr. 24094	b = 94,2 mm
Gerades Gleis (lang)	Art.-Nr. 24172	c = 171,7 mm

a. Berechne die Längen der Anlagen 1 bis 3.

b. Ulla hat die Länge der Anlage 1 als Term so aufgeschrieben:
$3 \cdot a + 3 \cdot a + 4 \cdot c + 3 \cdot a + 4 \cdot c + 3 \cdot a + 3 \cdot a + 3 \cdot a$
Kathrin hat diesen Term notiert:
$18a + 8c$
Was haben sich die beiden beim Aufstellen der jeweiligen Terme gedacht? Formuliere ihre möglichen Überlegungen.

c. Beschreibe die Gleisanlagen 2 und 3 ebenfalls mit verschiedenen Termen.

2 Die Baugröße Z besitzt den Maßstab 1 : 220. Berechne die Länge der Anlagen 1 bis 3 in der Baugröße Z.

3 Du möchtest mit dem ganzen Inhalt des H0-Startersets Gleisanlagen bauen.

a. Zeichne eine möglichst kurze geschlossene Anlage und berechne ihre Länge. Gib einen Term für ihre Länge an.

b. Zeichne eine möglichst lange geschlossene Anlage und berechne ihre Länge. Gib einen Term für ihre Länge an.

c. Wie lang wären deine Anlagen in der Baugröße Z?

L *Terme addieren und subtrahieren, Terme vereinfachen.*

4 Der Zug braucht für jedes Gleisstück eine bestimmte Zeit x, y, z zum Befahren:

Gebogenes Gleis	Art.-Nr. 24130	x = 1,4 s
Gerades Gleis (kurz)	Art.-Nr. 24094	y = 0,7 s
Gerades Gleis (lang)	Art.-Nr. 24172	z = 1,3 s

Wie lange dauert eine Runde auf den Anlagen 1 bis 3? Wie lange dauerte eine Runde auf den Anlagen aus Aufgabe 3 a. und 3 b.?

5 Für eine neue Gleisanlage sind nur die Gleisstücke Art.-Nr. 24130 (12 Stück) und Art.-Nr. 24172 (6 Stück) vorhanden.

a. Wie viele verschiedene geschlossene Gleisanlagen kann man damit bauen?

b. Erstelle Terme zur Berechnung der Rundenfahrzeiten bei den verschiedenen Gleisanlagen.

c. Berechne die Längen der Gleisanlagen.

d. Wie könntest du dir mit einer Tabellenkalkulation die Arbeit vereinfachen? Entwirf dazu ein Tabellenkalkulationsblatt.

Summen von Zahlen und Variablen: die Rechengesetze

$b + b + b = 3 \cdot b = 3b$

$b + c = c + b$
Kommutativgesetz

$(b + c) + 3 \cdot a = b + (c + 3 \cdot a)$
Assoziativgesetz

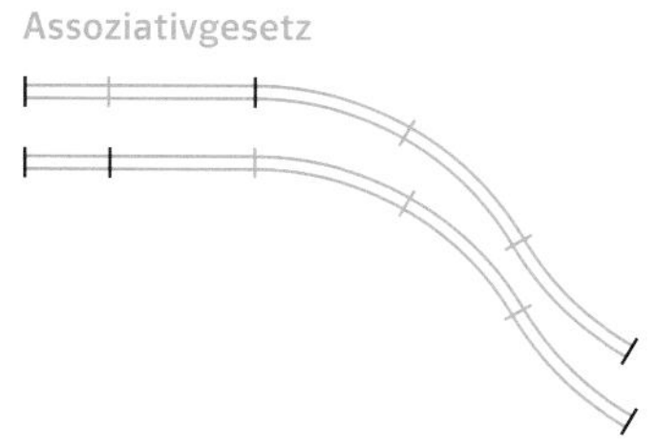

$(b + c) + (b + c) = 2 \cdot (b + c)$
$= 2 \cdot b + 2 \cdot c$
$= 2b + 2c$
Distributivgesetz

6 Aus Anlage 3 werden einige Teile weggenommen.

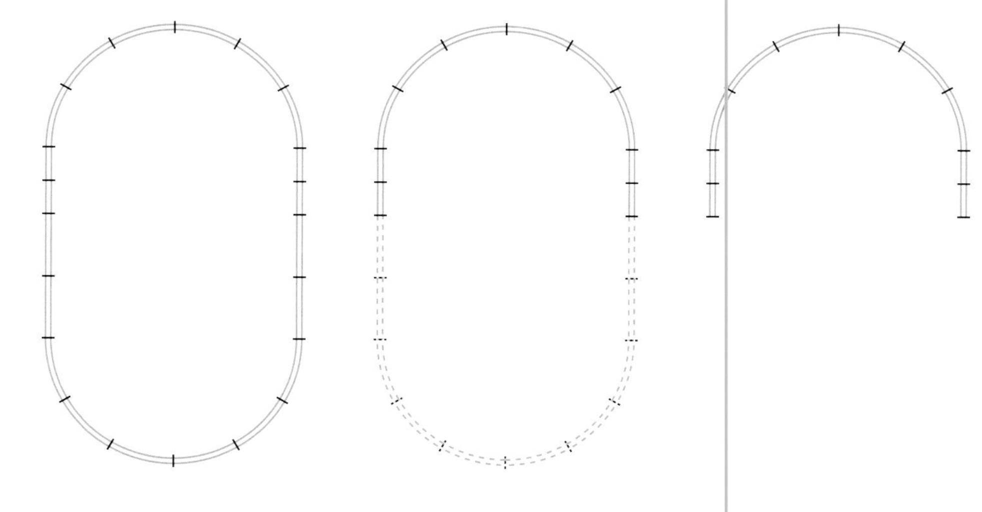

Beschreibung durch Terme:
$12 \cdot a + 4 \cdot b + 4 \cdot c - (6 \cdot a + 4 \cdot c)$
$= 12 \cdot a + 4 \cdot b + 2 \cdot c - 6 \cdot a - 4 \cdot c$
$= 6 \cdot a + 4 \cdot b$

Beschreibung durch Terme in Kurzschreibweise:
$12a + 4b + 4c - (6a + 4c)$
$= 12a + 4b + 4c - 6a - 4c$
$= 6a + 4b$

Zeichnet zu folgenden Termen mögliche Gleisanlagen und markiert die weggenommenen Stücke. Vergleicht eure Lösungen.

a. $12a + 8b$ und dann $12a + 8b - (6a + 4b)$

b. $8c + 8b + 12a$ und dann $8c + 8b + 12a - (6a + 4c)$

c. Erfindet weitere solche Aufgaben.

25 Daten erheben

Medien prägen die Freizeit der Jugendlichen. Welche Medien nutzt du?

Fernsehen, Internet, Handy, Lesen von Büchern oder Zeitschriften: Was magst du am liebsten? Was machen deine Klassenkameraden in ihrer Freizeit? Stimmt es eigentlich, dass sich alle Jugendliche nur noch im Internet treffen? Besitzen alle Jugendliche ein Handy? Jährlich werden zu diesen Themen Umfragen in Auftrag gegeben, um Informationen über Verhaltensweisen und Sichtweisen von Menschen zu erfahren. Es empfiehlt sich, möglichst viele Personen zu befragen. Bevor man jedoch Ergebnisse aus einer Umfrage gewinnen kann, sind im Vorfeld mehrere Schritte nötig.

Die Schülerinnen und Schüler der Klasse 7L planen gerade eine Umfrage zum Thema „Medien und Freizeit bei Jugendlichen". Für die Durchführung haben sie sich erst mal einen Plan gemacht.
Die Schülerinnen und Schüler haben sich in mehrere Gruppen aufgeteilt und überlegen sich zunächst die Fragen zum Thema Medien, die sie am meisten interessieren. Zur Überprüfung, ob die Fragen gut sind, beantworten sie sich die Fragen zuerst gegenseitig. Nicht alle Fragen scheinen geeignet: einige sind sich zu ähnlich, andere unverständlich. Diese Fragen werden verbessert oder gestrichen.

Tipp:
Manche Antworten kann man zu einer komplexeren zusammenfassen, z. B. gehört SMS verschicken zum Medium Handy.

Hier siehst du verschiedene Fragetypen:

A Verwendest du in deiner Freizeit Medien? (Bitte nur eine Antwort ankreuzen.)
☐ regelmäßig ☐ manchmal ☐ nie

B Welche Medien nutzt du in deiner Freizeit regelmäßig? (Mehrfachnennung möglich.)
☐ Zeitschrift ☐ Zeitung ☐ Radio ☐ Fernsehen ☐ Internet

C Wie viele Stunden verbringst du pro Woche im Internet?
_______________ Stunden

D Wie häufig verwendest du die jeweiligen Geräte?
Handy
Sehr oft Gar nicht
☐ ☐ ☐ ☐ ☐ ☐

Computer/Laptop/Netbook
Sehr oft Gar nicht
☐ ☐ ☐ ☐ ☐ ☐

...

E Wie viele Handys hast du schon besessen? _______________

Bevor der Fragebogen gedruckt wird, machen die Schülerinnen und Schüler der Klasse 7L einen Testlauf in ihrer Klasse und werten ihn aus, um zu entscheiden, ob die Fragen jetzt sinnvoll sind.

Online-Link
700171-2501
Fragebogen als Vorlage

L *Datenerhebungen planen: Ideen sammeln, Fragebogen erstellen.*

1 Luca hat sich für die Umfrage folgende Frage ausgedacht:
Was ist deine Lieblingssendung?
In seiner Klasse hat er bei 29 Schülerinnen und Schülern bereits 24 verschiedene Antworten erhalten. Warum ist das ein Problem? Überlegt euch, wie er diese Frage ändern kann, um die Ergebnisse später besser auswerten zu können.

2 Sylvia und Tina werten die Frage B nach der regelmäßigen Nutzung der Medien aus.
Hier ihre erste Übersicht:

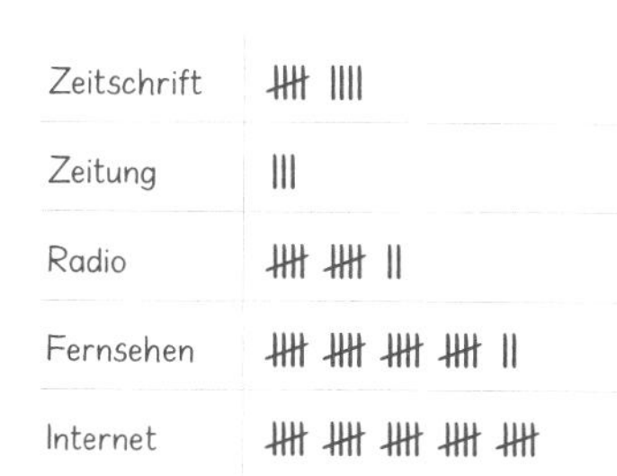

Zeitschrift	Zeitung	Radio	Fernsehen	Internet
9	3	12	22	25

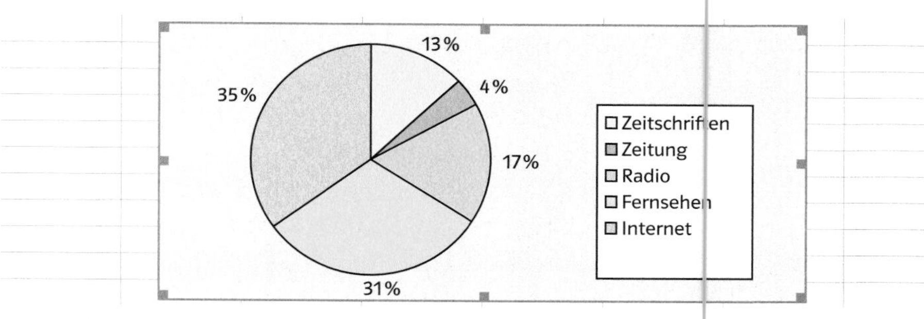

Beurteile ihre Diagrammwahl.

3 Tom und Ole werten Frage A aus: Verwendest du in deiner Freizeit Medien?

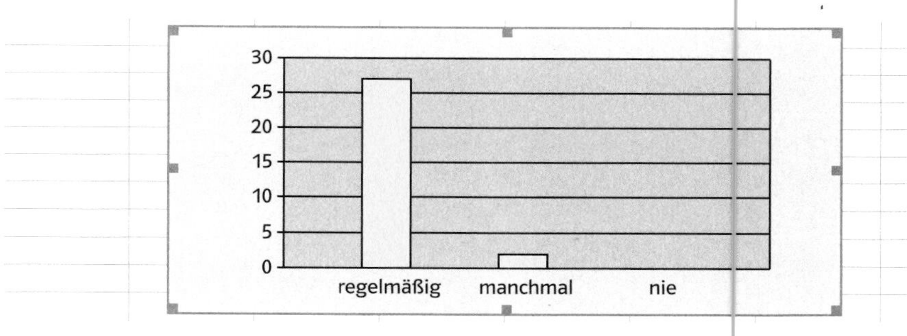

Beurteile ihre Diagrammauswahl.

4 Ein weiterer Auszug aus dem Testlauf:
Wie viele Handys hast du schon besessen?
Bei dieser Frage gab es einige Nachfragen, ob das aktuelle Handy mitgezählt werden soll. Was meinst du dazu?

Anzahl Handys	0	1	2	3	4	5
Anzahl Kinder	1	13	8	5	1	1

Überlegt euch, wie ihr diese Daten in einem Diagramm darstellen könnt.

5 Überlegt euch selbst ein Thema, zu dem ihr eine Umfrage erstellen wollt und entwerft einen Fragebogen.

6 Führt selbst eine Umfrage durch.

Tipp:
Beauftragt eine Gruppe, die sich währenddessen um das Organisatorische kümmert: Die Genehmigung von der Schulleitung muss eingeholt werden. Welche Klassen sollen befragt werden? Wo befinden sich die Klassen in welcher Stunde?
Am Anfang eures Fragebogens sollen einfach zu beantwortende Fragen stehen. Stellt die persönlichen Fragen erst später. Achtet darauf, dass der Fragebogen nicht zu lang wird.

Daten auswerten

689 von 781 Jugendlichen besitzen ein Handy. 78 % der Jugendlichen sitzen täglich vor dem Fernseher.

Die Klasse 7L hat insgesamt 781 Jugendliche befragt. Jetzt wollen sie ihre Ergebnisse auswerten. Dafür werden alle Datensätze in eine Tabelle eingegeben, sortiert und gesichtet.

1 Mirko und Georg interessiert besonders, wie viele Stunden ihre Mitschülerinnen und Mitschüler pro Woche im Internet verbringen. Nach Testläufen mit zwölf Mitschülern wollen sie sowohl den Zentralwert als auch das arithmetische Mittel berechnen.
Ergebnisse des Testlaufs: 2; 5; 0; 13; 5; 7; 17; 21; 9; 13; 28; 6

a. Erkläre anhand dieser Testlaufergebnisse, wie man den Zentralwert berechnet.
b. Berechne das arithmetische Mittel.
c. Untersuche, wie sich der Zentralwert und das arithmetische Mittel ändern, wenn du die höchste Stundenzahl extrem erhöhst.
d. Ergebnisse der Datenerhebung (Anzahl der Nennungen zu jeder Stundenzahl):

Online-Link
700171-2601
Ergebnisse in einer Tabellenkalkulation

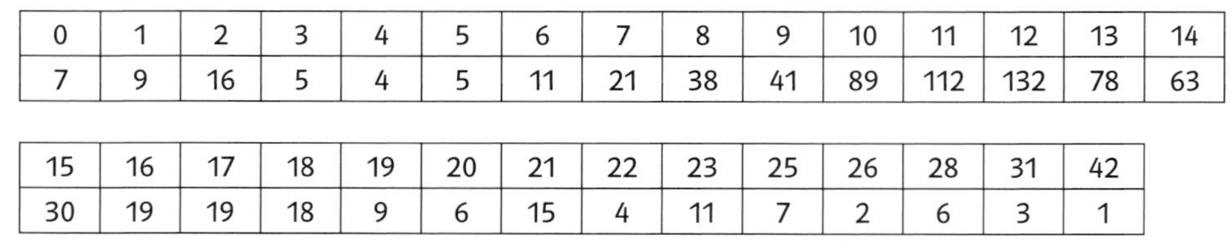

0	1	2	3	4	5	6	7	8	9	10	11	12	13	14
7	9	16	5	4	5	11	21	38	41	89	112	132	78	63

15	16	17	18	19	20	21	22	23	25	26	28	31	42
30	19	19	18	9	6	15	4	11	7	2	6	3	1

Bestimme jeweils Zentralwert und arithmetisches Mittel für die Datenerhebung.

e. Vergleiche die Ergebnisse aus a., b. und d.

Gelegentlich wird der Zentralwert auch **Median** genannt.

Mirko ist noch unzufrieden: „Ich kenne ja jetzt Zentralwert und arithmetisches Mittel, aber liegen die Ergebnisse eigentlich nah beieinander oder gibt es Schüler, die das Internet besonders viel nutzen? Und wo liege ich mit meinen zehn Stunden im Vergleich zu den anderen?"
Um Mirkos Fragen beantworten zu können, werden die Daten weiter untersucht.
Man teilt die Rangliste dafür in vier gleich große Abschnitte auf. Beispiel:

1. Viertel Rangplatz			2. Viertel Rangplatz			3. Viertel Rangplatz			4. Viertel Rangplatz		
1	2	3	4	5	6	7	8	9	10	11	12
0	2	5	5	6	7	9	13	13	17	21	28
		q_u						q_o			
untere Hälfte						obere Hälfte					
			zentrale Hälfte								
			Quartilabstand q = 13 − 5 = 8								

Der Wert, der das untere Viertel der Daten einer Rangliste begrenzt, heißt **unteres Quartil** q_u, der Wert, der das obere Viertel begrenzt, heißt **oberes Quartil** q_o. Der Unterschied zwischen q_u und q_o heißt **Quartilabstand** q.

Mindestens 25 % aller Daten sind kleiner oder gleich q_u.
Mindestens 75 % aller Daten sind kleiner oder gleich q_o.
Mindestens 50 % aller Daten liegen zwischen q_u und q_o.

Man bestimmt die Werte, die an den Grenzen im 1. und 3. Viertel stehen, die sogenannten Quartile: Hast du eine Rangliste mit n Daten (nummeriert von 1 bis n), dann multipliziere n mit $\frac{1}{4}$ (für das untere Quartil q_u) bzw. mit $\frac{3}{4}$ (für das obere Quartil q_o). Ist das Ergebnis ganzzahlig, so nimm den Wert dieses Rangplatzes als Quartil. Ist das Ergebnis nicht ganzzahlig, so nimm den Wert des nächsthöheren Rangplatzes als Quartil.

L *Diagramme verwenden, Kennwerte berechnen, darstellen und interpretieren.*

Beispiel für 11 Daten (ohne den größten Wert):

Rangplatz	1	2	3	4	5	6	7	8	9	10	11
Stunden	0	2	5	5	6	7	9	13	13	17	21

Unteres Quartil: $11 \cdot \frac{1}{4} = 2{,}75$; auf dem 3. Rangplatz steht 5, also $q_u = 5$
Oberes Quartil: $11 \cdot \frac{3}{4} = 8{,}25$; auf dem 9. Rangplatz steht 13, also $q_o = 13$

2 In einer separaten Datenerhebung wurde erfragt, wie viel Geld monatlich ungefähr für die Nutzung des Handys ausgegeben wird. (Ergebnisse jeweils in Euro)
5; 8; 23; 17; 19; 11; 4; 21; 14; 24; 7; 8; 13

a. Bestimme für die Handykosten unteres und oberes Quartil, Quartilabstand, Zentralwert und Mittelwert.

b. Bestimme für die Daten aus Aufgabe 1 jeweils unteres und oberes Quartil und den Quartilabstand. Beantworte Mirkos Fragen.

Unteres und oberes Quartil, Minimum und Maximum sowie Zentralwert lassen sich gut in einem **Boxplot** grafisch darstellen. Der Boxplot hilft, bei umfangreichen Datenmengen die Übersicht zu behalten.

Boxplots zeichnen

Zum Zeichnen eines Boxplots werden über einer Skala, die alle Werte der Erhebung erfasst, die Kennwerte Minimum, Maximum, Zentralwert, unteres und oberes Quartil eingetragen. Da mindestens 50 % der Daten in der zentralen Hälfte zwischen dem unteren und dem oberen Quartil liegen, wird sie als Box gezeichnet. Zwischen dem unteren Quartil und dem Minimum bzw. dem oberen Quartil und dem Maximum werden waagerechte Linien gezeichnet.

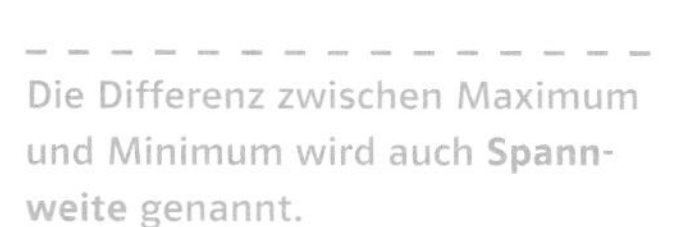

Die Differenz zwischen Maximum und Minimum wird auch **Spannweite** genannt.

Boxplot:

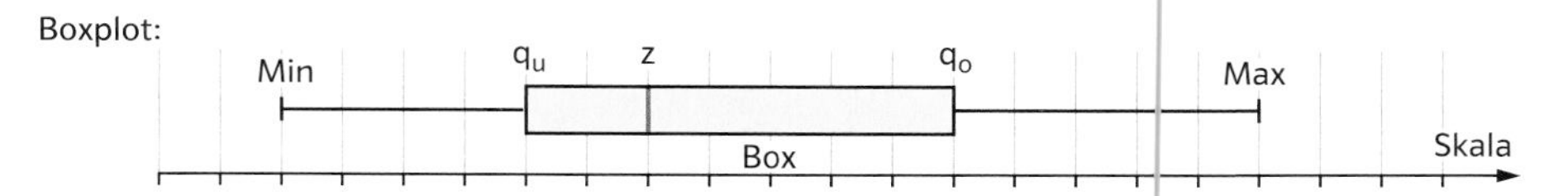

Boxplot zum Beispiel

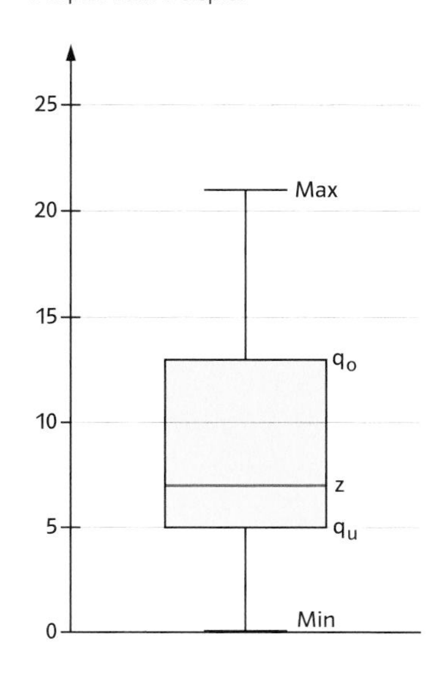

Beispiel:

Rangplatz	1	2	3	4	5	6	7	8	9	10	11
Stunden	0	2	5	5	6	7	9	13	13	17	21

Zunächst ist es hilfreich die Kennwerte zu notieren.
$q_u = 5$, $q_o = 13$, Minimum 0, Maximum 21, Zentralwert 7. Danach kann man den Boxplot zeichnen.

Boxplots interpretieren

Dem Boxplot kann man entnehmen, dass
- 50 % der Internetnutzer 5 bis 13 Stunden pro Woche im Internet verbringen.
- 75 % der Jugendlichen weniger als 13 Stunden pro Woche im Internet verbringen.
- die Spannweite von 0 bis 21 reicht.

3

a. Notiere weitere Aussagen, die du dem Boxplot entnehmen kannst.

b. Nimm Stellung zu den Fragen von Mirko. Inwiefern kann ihm die Darstellung mithilfe eines Boxplots nützlich sein?

27 kreuz und quer

Viele Geraden, viele Winkel – alle verschieden?

Online-Link
700171-2701
Veronikas Kunstwerk

1 Veronika hat ein geometrisches Kunstwerk konstruiert. Schau dir das Bild genau an und schreibe auf, was dir auffällt. Welche Gesetzmäßigkeiten entdeckst du?

2 Welche Formen hast du gefunden? Was kannst du über die Anordnung der Farben sagen?

3 In Anlehnung an das Zerlegungsproblem von Jacob Steiner (Mathematikbuch 5, Lernumgebung 45) sind folgende Fragen interessant:
- Wie viele Geraden zerlegen das Rechteck in Teilflächen?
- Wie viele Geradenkreuzungen sind dabei entstanden?
- Gibt es besondere Lagebeziehungen von Geraden?

4

a. Schau dir die Geradenkreuzungen im Bild genauer an und halte deine Überlegungen zu den folgenden Fragen schriftlich fest.
- Wie verhalten sich die Winkel an einer Geradenkreuzung zueinander?
- Was fällt auf, wenn die Winkel an Doppelkreuzungen untersucht werden, die von zwei parallelen Geraden gebildet werden?

b. Vergleiche deine Ergebnisse mit denen deiner Nachbarin oder deines Nachbarn.

c. Im Arbeitsheft bzw. Online-Link findest du Veronikas Bild noch einmal. Dort kannst du direkt mit dem Bild arbeiten.

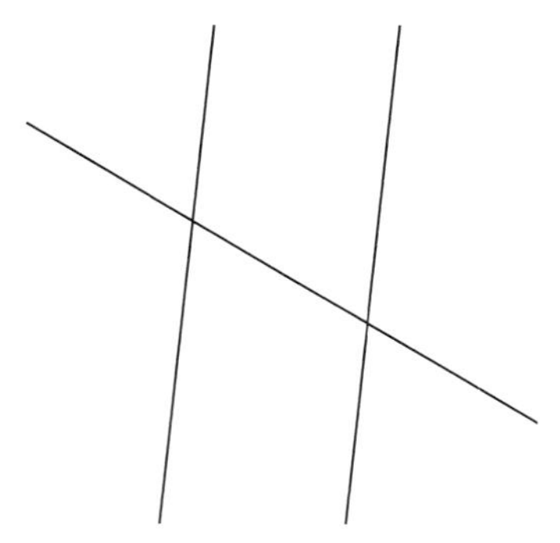

Stufenwinkel, Wechselwinkel

L *Winkelsätze an Geradenkreuzungen anwenden.*
Kongruente Dreiecke konstruieren.

Olle Baertling, ohne Titel

Olle Baertling
(06.12.1911 – 02.05.1981) war ein bedeutender schwedischer Maler und Bildhauer. In seinen Bildern werden oft Flächen durch verschiedenfarbige Dreiecke aufgeteilt.

5 Wähle aus dem Bild von Olle Baertling eines der Dreiecke aus. Miss die drei Seiten. Konstruiere das Dreieck in dein Heft. Kontrolliere, ob dein Dreieck und Baertlings Dreieck kongruent sind.

6

a. Versuche jeweils zwei nicht kongruente Dreiecke zu konstruieren (Zeichnen oder DGS), die in den folgenden Größen übereinstimmen:
A in zwei Winkeln,
B in zwei Seiten,
C in zwei Seiten und einem Winkel,
D in drei Winkeln,
E in drei Seiten,
F in zwei Winkeln und einer Seite.
b. Vergleicht eure Lösungen miteinander.
c. Formuliert eine Antwort auf die Frage: In welchen Fällen können Dreiecke eindeutig konstruiert werden?

Dreiecke, die durch Spiegeln, Verschieben oder Drehen zur Deckung gebracht werden können, sind **kongruent**.

7

a. Konstruiere nun ein anderes Dreieck aus dem obigen Bild in dein Heft, indem du zwei Seiten und den Winkel dazwischen misst.
b. Konstruiere noch ein anderes Dreieck aus dem obigen Bild in dein Heft, indem du zwei Winkel und die Seite dazwischen misst.
c. Tauscht untereinander eure Hefte aus und versucht, die konstruierten Dreiecke im Bild wieder zu finden. Kontrolliert dabei, ob sie kongruent sind.

8 Konstruiere und gestalte ein eigenes Bild aus Dreiecken. Beachte dabei folgende Vorgabe: Dein Bild enthält mindestens ein rechtwinkliges, ein gleichseitiges und ein gleichschenkliges Dreieck.

Online-Link
700171-2702
Kunstwerk

28 Mandalas

Mandalas sind kreisförmige Muster, in denen sich gleiche oder ähnliche Muster häufig wiederholen. Im tibetischen Buddhismus dient die Herstellung des Mandalas z. B. aus farbigem Sand der Meditation. Häufig werden die Mandalas direkt nach der Fertigstellung zerstört. Das soll die Vergänglichkeit des Lebens und die Unabhängigkeit von der materiellen Welt symbolisieren.

1 In der Geometrie deutet man solche Musterwiederholungen als einfache Bewegungen. Man betrachtet jedoch nur Anfang und Ende der Bewegung. Eine geometrische Abbildung beschreibt, wie die Punkte einer Originalfigur denen der Bildfigur zugeordnet werden. Welche geometrischen Abbildungen hast du bisher kennengelernt?

2 Das untenstehende Mandala ist durch Anwendung solcher Abbildungen aus der blauen Figur entstanden.
Beschreibe, welche geometrischen Abbildungen du findest und wie das Mandala entstanden ist.

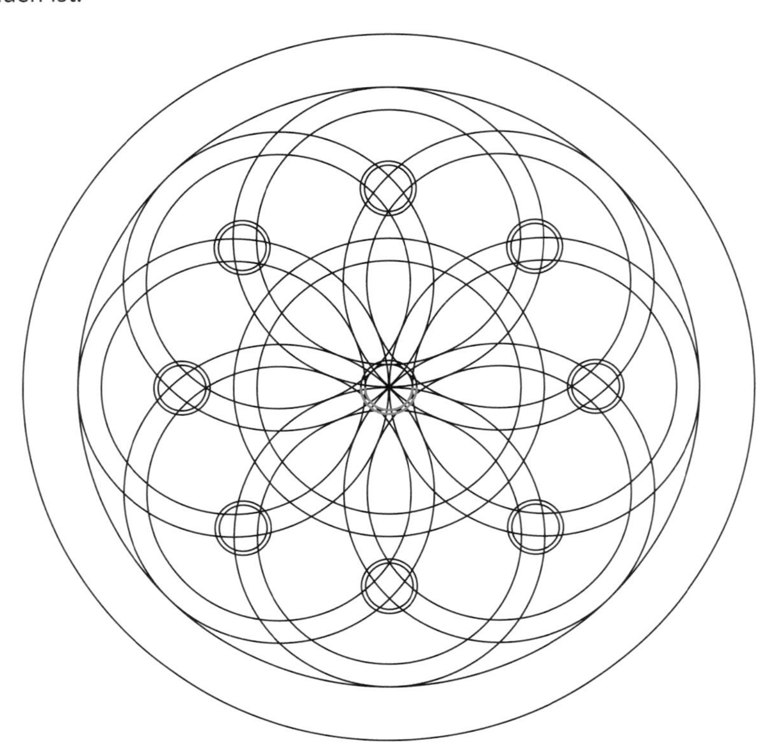

Wenn bei einer geometrischen Abbildung sowohl die Winkel als auch die Seitenlängen der Figur gleich bleiben, haben Original und Bildfigur dieselbe Form und dieselbe Größe. Solche Figuren nennen wir **deckungsgleich** oder **kongruent**.

3 Wenn man in einem Mandala eine Figur mehrfach in einem bestimmten Winkel um den Mittelpunkt dreht, kann es vorkommen, dass ein Bild wieder auf die Originalfigur abgebildet wird. Bei welchen Drehwinkeln ist das der Fall? Warum gerade bei diesen?

4

a. Zeichne eine beliebige Figur und drehe sie mithilfe von Zirkel und Geodreieck um einen bestimmten Winkel um einen Punkt.

b. Beschreibe, wie du vorgegangen bist.

5 Zeichne selbst ein Mandala, in dem du möglichst viele verschiedene geometrische Abbildungen verwendest. Diese Aufgabe lässt sich auch gut mit einer Dynamischen-Geometrie-Software bearbeiten. Präsentiert eure Bilder in einer Ausstellung.

L *Geometrische Abbildungen erkennen, unterscheiden und erzeugen.*

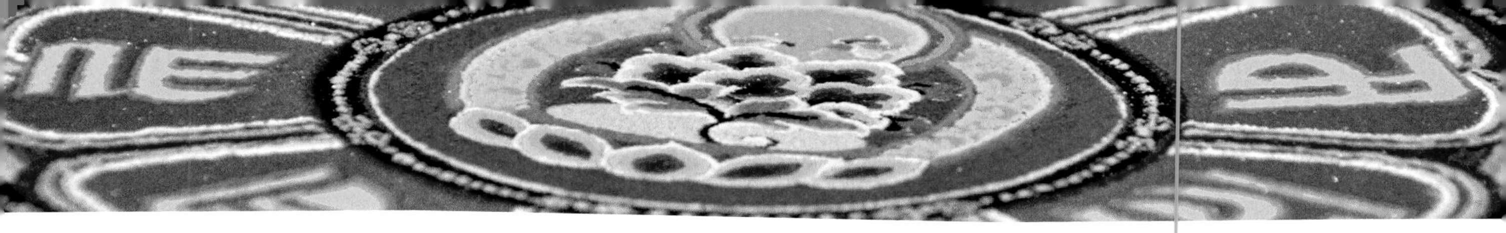

6 Unten siehst du ein Verfahren, mit dessen Hilfe man gezeichnete Figuren vergrößern oder verkleinern kann.

a. Beschreibe das Verfahren.

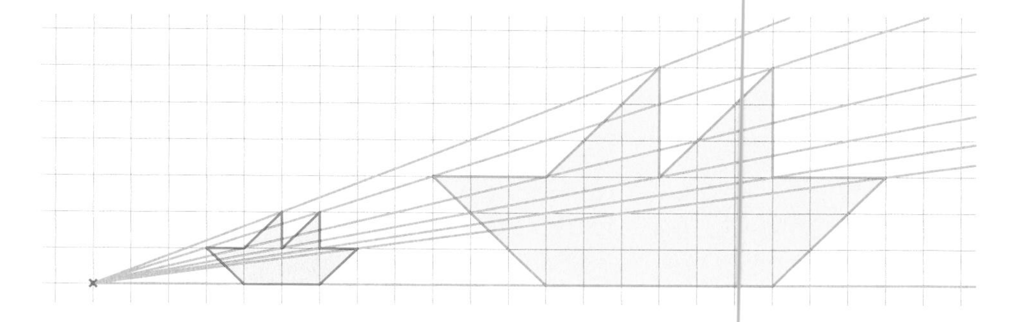

Wenn bei einer geometrischen Abbildung die Originalfigur und die Bildfigur dieselbe Form haben, bleiben alle Winkel und Seitenverhältnisse der Figur gleich groß. In der Geometrie nennen wir diese Figuren dann **ähnlich**.

b. Miss verschiedene Strecken bei dem kleinen Boot und vergleiche sie mit den entsprechenden Strecken des großen Bootes. Was fällt dir auf?

c. Miss auch die Abstände verschiedener Punkte von dem Ausgangspunkt der Strahlen und von anderen Punkten. Formuliere eine Regel.

d. Um einander entsprechende Längen zu vergleichen, benutzt man den Begriff Vergrößerungs- bzw. Verkleinerungsfaktor. Erkläre, was er bedeuten könnte.

7

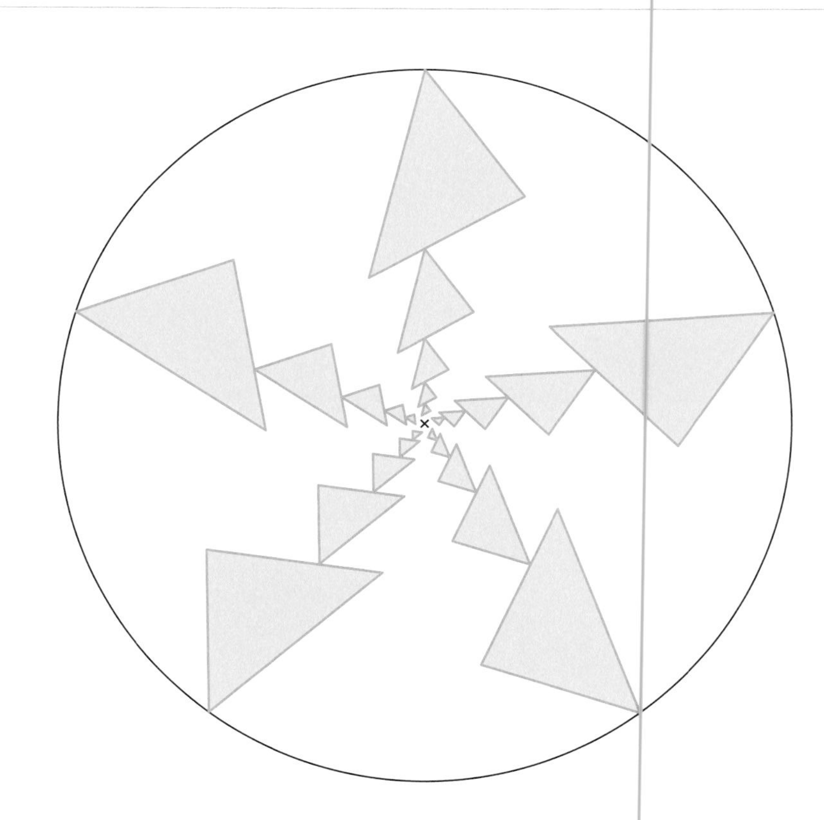

a. Beschreibe, wie das obige Mandala entstanden ist.

b. Welcher Vergrößerungsfaktor wurde verwendet, wenn ein kleines Dreieck das Startdreieck ist?

c. Welcher Faktor wurde verwendet, wenn man mit einem großen Dreieck gestartet ist?

Online-Link
700171-2801
Zeichnungen dieser Lernumgebung

29 Prüfziffern

Eine sogenannte Scannerkasse erkennt gekaufte Artikel mithilfe eines Strichcodes elektronisch eindeutig. Mithilfe einer Datenbank aus dem Computer wird der Name des Artikels und der aktuelle Preis in die Kasse übernommen und dann ausgedruckt.

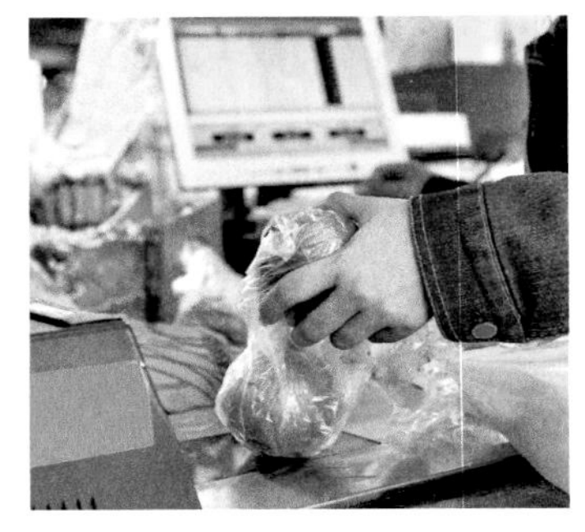

Ganz häufig wird als Strichcode der EAN-Code (auch EAN 13, weil er aus 13 Ziffern besteht) verwendet. EAN ist eine Abkürzung für **E**uropäische **A**rtikel **N**ummer. Dieser Code wird nicht nur in Europa, sondern auch in vielen anderen Ländern verwendet.
Die Information steht dabei doppelt auf dem Label. Einmal als Strichcode, der von dem Scanner sowohl vorwärts als auch rückwärts gelesen werden kann. Darunter ist der Code aber zusätzlich als 13-stellige Zahl angegeben, damit auch Menschen diesen Code gut lesen können. So kann die Kassiererin den Code manuell eingeben, wenn das Einscannen einmal nicht funktioniert.

Hier ist ein solches Label abgebildet. Die aus den ersten beiden oder ersten drei Ziffern gebildete Zahl gibt an, aus welchem Land das Produkt stammt. Die Zahl 401 zeigt an, dass das Produkt aus Deutschland kommt. Alle Produkte, bei denen die EAN-Zahl mit 400 bis 440 beginnt, kommen nämlich aus Deutschland. Die aus den weiteren 5 bzw. 4 folgenden Ziffern gebildete Zahl, hier 2345, gibt die Nummer der produzierenden Firma an. Dann folgt die fünfstellige Artikelnummer 67890 und die Prüfziffer 1. Mithilfe der Prüfziffer kann festgestellt werden, ob die Information richtig eingelesen wurde. So können Zahlendreher und Eingabefehler gefunden und manchmal auch korrigiert werden. Das unten abgebildete Label zeigt einen Artikel aus der Schweiz, was man an der 76 erkennt.

76 40125 93002 3
| | | |
| | | Prüfziffer
| | Artikelnummer
| Firmennummer des Herstellers
Ländernummer

Land	Ländernummer
Frankreich	30 bis 37
Deutschland	400 bis 440
China	690 bis 695
Italien	80 bis 83

Land	Ländernummer
Thailand	885
Australien	90 bis 91
Polen	590
Dänemark	57

In dieser Tabelle könnt ihr einige Ländernummern finden. Sicher gelingt es euch, zu Hause weitere Ländernummern zu entdecken. Die Nummern 978 bis 979 sind übrigens nicht für Länder, sondern für Bücher vergeben.

1

a. Wie viele verschiedene Artikelnummern sind möglich?
b. Wie viele verschiedene Firmennummern sind bei vierstelligen bzw. fünfstelligen Nummern möglich?
c. Wie viele verschiedene EAN-Labels gibt es in den Ländern Dänemark, Thailand, Australien und Deutschland? Glaubt ihr, dass das ausreicht?

L *Den Sinn von Prüfziffern erkennen und Prüfziffern berechnen, die Tabellenkalkulation sinnvoll einsetzen.*

Die dreizehnte und letzte Ziffer der EAN-Zahl ist die Prüfziffer. Man multipliziert die Ziffern vor der Prüfziffer von links nach rechts abwechselnd mit 1 und mit 3. Dann bildet man die Summe der Produkte und ergänzt sie mit der Prüfziffer zur nächsten Zehnerzahl.

1	Ziffer	4	0	1	2	3	4	5	6	7	8	9	0	1	
2	Faktor	1	3	1	3	1	3	1	3	1	3	1	3	1	Summe
3	Produkt	4	0	1	6	3	12	5	18	7	24	9	0	1	90

2

a. Prüft, ob die Zahlen gültige EAN-Nummern sind: 4011600001959, 4001731616790, 4008882372006

b. Bestimmt die fehlende Prüfziffer von (unvollständigen) EAN-Codes, die eure Mitschüler von mitgebrachten Strichcodes ablesen.

3

a. Lasst mithilfe einer Tabellenkalkulation die Summe berechnen.

b. Lasst die Prüfziffern der EAN-Zahlen berechnen, indem ihr zunächst für die fehlende Prüfziffer eine 0 eingebt. Nennt euch dazu gegenseitig EAN-Nummern ohne Prüfziffer.

c. Stellt euch jetzt wieder gegenseitig Aufgaben, indem ihr bei der Nennung von EAN-Zahlen eine Ziffer weglasst und nur die Stelle angebt. Berechnet nun die fehlende Ziffer, indem ihr zunächst eine 0 für sie eingebt. Achtet darauf, ob die Ziffer mit 3 multipliziert werden muss.

d. Vertauscht bei EAN-Nummern Ziffern, ohne dass sich die Prüfziffer ändert.

In Zukunft werden die Daten eines Artikels an der Kasse mit der RFID-Technik elektronisch ausgelesen. Informiert euch über die Vorteile und die Gefahren dieses Verfahrens.

4 Bei der Deutschen Post werden Pakete automatisch sortiert. Dazu bekommt jedes Paket ein Label mit einem Strichcode und dem dazugehörigen elfstelligen Identcode. Natürlich ist die letzte Ziffer auch wieder eine Prüfziffer, damit man Fehler beim Einlesen oder Übermitteln bemerkt.

Die Prüfziffer 3 wird berechnet, indem man die einzelnen Ziffern – ohne die Prüfziffer – abwechselnd mit 4 und 9 multipliziert, also $5 \cdot 4$, $6 \cdot 9$, $3 \cdot 4$, $1 \cdot 9$, usw. bis $1 \cdot 4$. Diese Produkte werden dann addiert und ergeben als Summe 187.
Die Einerziffer dieser Zahl, also 7, wird von 10 subtrahiert: $10 - 7 = 3$.
3 ist dann die Prüfziffer.

a. Schreibt ein Programm für eure Tabellenkalkulation.

b. Sammelt solche Postlabels und überprüft.

c. Stellt euch gegenseitig Aufgaben.

Mit Zahlen Punkte festlegen

Auf der Zahlengeraden wird die Lage eines Punktes durch eine Zahl bestimmt.
Auch in der Ebene kann man die Lage eines Punktes mit Zahlen angeben.

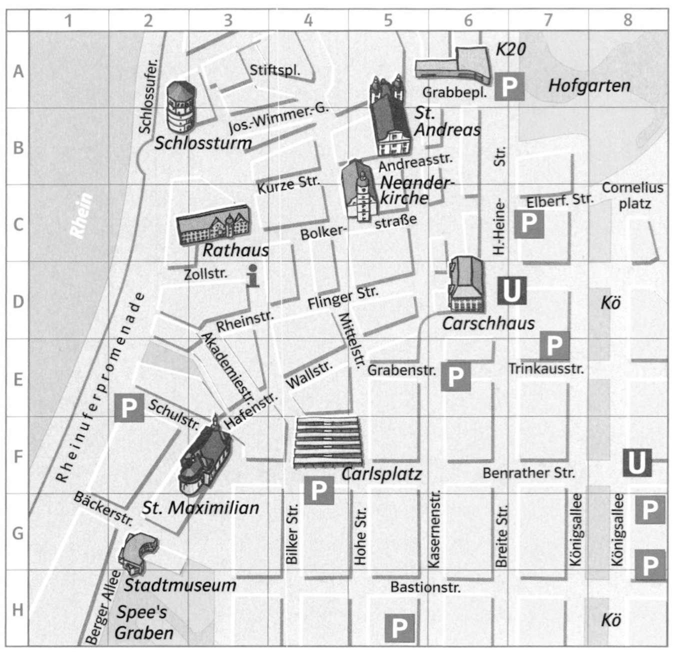

Karte 1

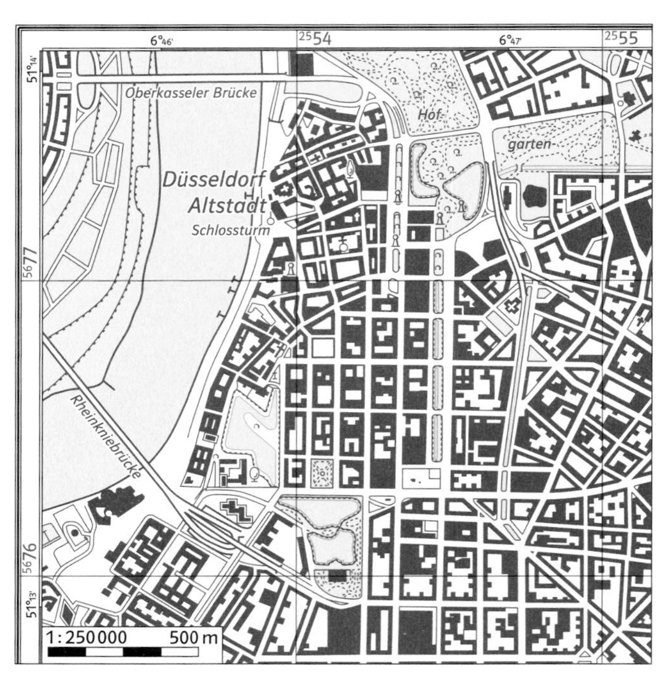

Karte 2

1 Mit der Karte 1 finden Touristen in Düsseldorf das Rathaus bei C 3.

a. Beschreibe Unterschiede zwischen Karte 1 und Karte 2.

b. Suche das Rathaus in der Karte 2.

2 Suche auf dem Schulweg, in deinem Viertel solche Schilder. Überlege dir, wozu sie dienen. Versuche die Bedeutung der Zahlenangaben auf den Schildern herauszufinden.

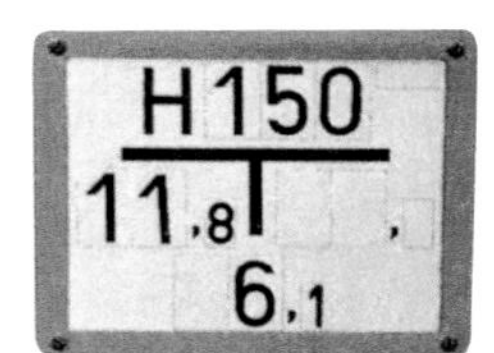

L *Koordinaten von Punkten bestimmen.*
Punkte mithilfe von Koordinaten darstellen.

3 So könnt ihr eigene Schieber oder Hydranten markieren und dazugehörende Schilder herstellen.

a. Markiere auf dem Schulzimmerboden mit einem Kreppband einen Schieber. Suche einen Ort an einer Wand und beschrifte ein Schild zu deinem Schieber.

b. Überprüft gegenseitig, welches Schild zu welchem Schieber gehört.

4 Die Karte stellt vereinfacht die Bundesrepublik Deutschland dar.

a. Die Punkte sind die Landeshauptstädte der einzelnen Bundesländer, bzw. die Stadtstaaten. Erstelle eine Liste mit den Punkten in der Karte und den beiden Anfangsbuchstaben der jeweiligen Stadt, also Berlin, Bremen, Dresden, Düsseldorf, Erfurt, Hamburg, Hannover, Kiel, Magdeburg, Mainz, München, Potsdam, Saarbrücken, Schwerin, Stuttgart und Wiesbaden.

b. Die folgenden Aufgaben könnt ihr zu zweit lösen.

A Wähle eine Stadt als Nullpunkt, dein Partner soll eine andere Stadt als Nullpunkt nehmen.

B Legt nun die Koordinaten der anderen Städte fest.

C Vergleicht eure Ergebnisse miteinander.

31 Produkte

Zahlen kann man multiplizieren, ebenso Terme. „Klar", sagt Tom „deshalb ist ja auch $(a + b) \cdot (a + b) = a^2 + b^2$, denn a mal a ist a-quadrat und b mal b ist b-quadrat." Wie könnte Tom wohl überprüfen, ob seine Idee richtig ist?

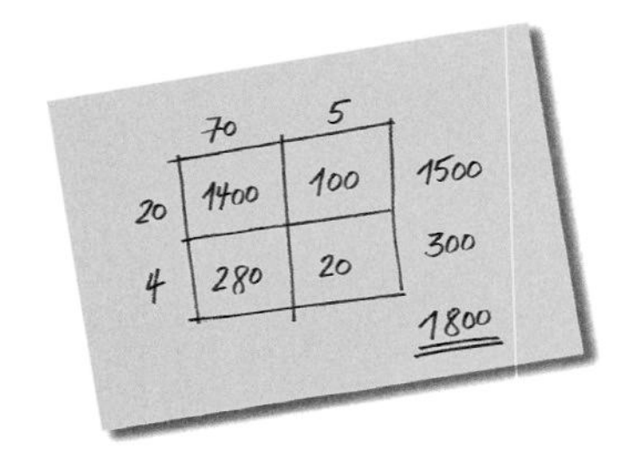

Flächen berechnen

Im Notizheft von Sam findet sich nebenstehende Rechnung.

1

a. Was hat Sam hier ausgerechnet?

b. Stellt euch Multiplikationsaufgaben, die man auf die gleiche Art wie Sam lösen kann. Könnt ihr auch Brüche, Dezimalzahlen oder negative Zahlen einsetzen?

c. Welche und wie viele Zahlen in dem Raster müssen mindestens eingetragen sein, damit es sich vollständig ausfüllen lässt? Stellt euch auch solche Aufgaben.

2 Hinter Sams Rechnung steht das Rechteckmodell. Die Fläche eines Rechtecks wird durch eine Multiplikation bestimmt. Man kann mit Sams Idee auch zusammengesetzte Rechtecksflächen bestimmen.

Die beiden zu multiplizierenden Zahlen oder Terme heißen **Faktoren**. Das Ergebnis einer Multiplikation heißt, bei Termen ebenso wie bei Zahlen, **Produkt**.

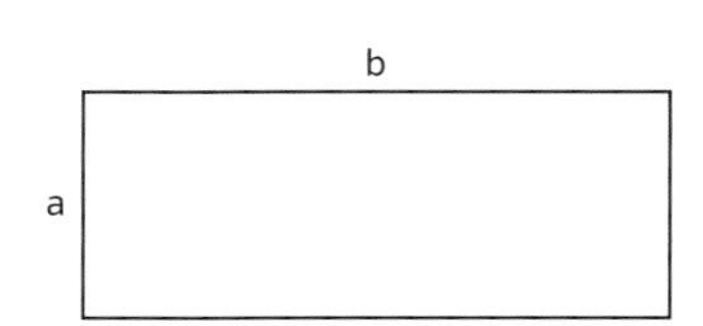

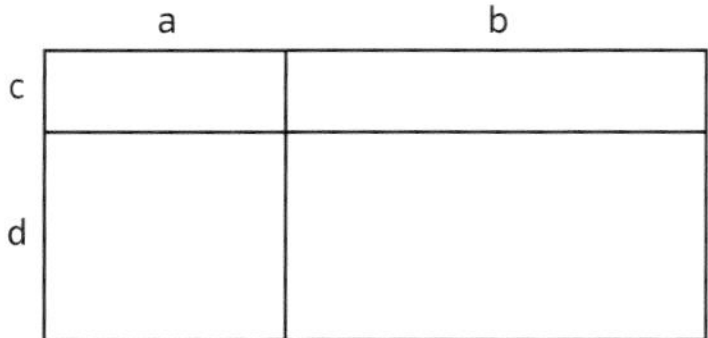

Beschreibe die Fläche $(a + b) \cdot (c + d)$ wie Sam.
Kannst du jetzt auch Toms Aussage von oben überprüfen?

Ein Bild von Richard Paul Lohse

3 Der Schweizer Maler hat 1983 das Bild „6 komplementäre Farbreihen" gemalt.

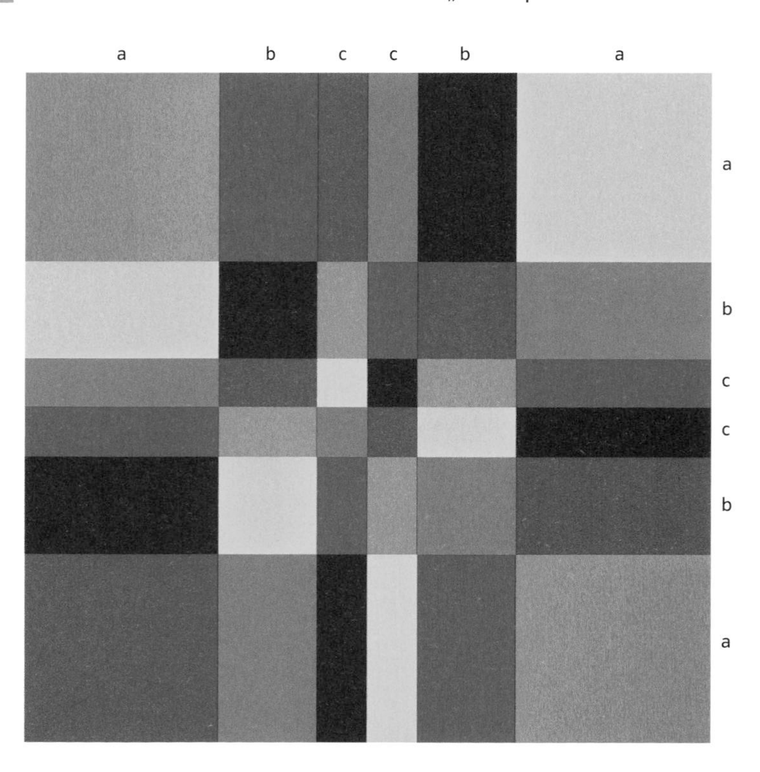

Online-Link
700171-3101
Bild von R. P. Lohse

L *Terme multiplizieren. Zwischen algebraischer und geometrischer Darstellung wechseln.*

Die Variablen am Rand des Bildes bezeichnen die Längen, die im Bild vorkommen. Mit den Variablen kann man auch zusammengesetzte Längen ausdrücken.

Mit den Variablen für die Längen kann man auch Flächeninhalte ausdrücken. Zum gelben Quadrat oben rechts gehört z. B. der Term $a \cdot a = a^2$.

a. Beschreibe das Bild. Welche Gesetzmäßigkeiten findest du?
b. Die Länge des ganzen Bildes ist zum Beispiel $a + b + c + c + b + a$ oder anders geschrieben $2 \cdot a + 2 \cdot b + 2 \cdot c$. Erkläre beide Terme.
c. Man kann die Gesamtlänge des Bildes z. B. auch allein mithilfe der Variablen a ausdrücken, denn $b = \frac{1}{2} \cdot a$ und $c = \frac{1}{4} \cdot a$. Also beträgt die Länge insgesamt $a + \frac{1}{2} \cdot a + \frac{1}{4} \cdot a + \frac{1}{4} \cdot a + \frac{1}{2} \cdot a + a = 3\frac{1}{2} \cdot a$. Erkläre alle Terme und Gleichungen.
d. Auch den Flächeninhalt kann man mithilfe der Variablen ausdrücken. Finde Rechtecke, zu denen der Term $a \cdot b = ab$ gehört.

4 Alle orangefarbenen Flächen zusammen kann man durch die Terme $2 \cdot a \cdot a + 4 \cdot b \cdot c$ oder $2 \cdot a^2 + 4 \cdot b \cdot c$ beschreiben. Prüfe das nach. Stelle Terme für die anderen Farben auf.

5 Suche zwei Farben, die einen gleich großen Anteil an der Gesamtfläche haben. Beschreibe beide Farben durch Terme. Vereinfache beide Terme so weit als möglich. Was stellst du fest?

6 Suche zwei Farben, die zusammen einen gleich großen Anteil haben wie zwei andere Farben. Vergleiche die zugehörigen Terme.

7 Drei Farben bedecken zusammen exakt die Hälfte der Gesamtfläche. Welche? Wie heißt der zugehörige Term? Beschreibe die Fläche der drei anderen Farben mit einem Term.

8

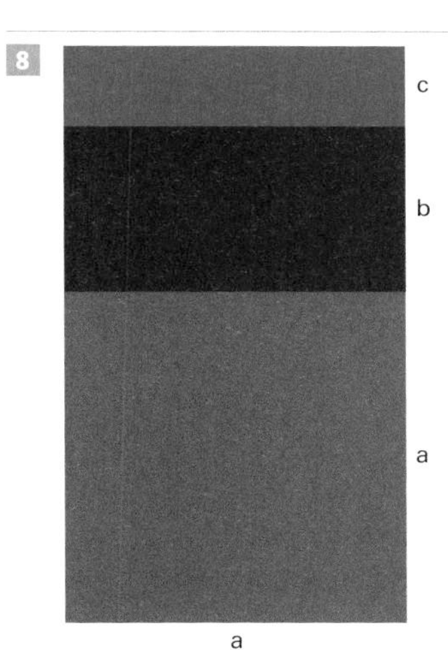

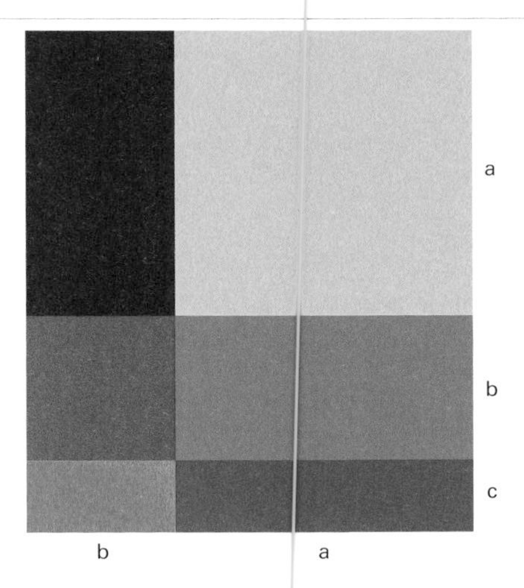

Auch das ist das Distributivgesetz
$a \cdot (c + b + a)$
$= ac + ab + a^2$

Die drei Flächen unten links im Bild bilden zusammen ein Rechteck.
Man kann es so beschreiben:

- $a \cdot (c + b + a)$
  Breite mal Länge
- $ac + ab + a^2$
  drei Teilflächen

Die beiden Terme sind gleichwertig.

Das sechsteilige Rechteck oben rechts kann man mit Termen so beschreiben:

- $(a + b + c) \cdot (a + b)$
  Länge mal Breite
- $a^2 + ab + ab + b^2 + ac + bc$
  sechs Teilflächen
- $a^2 + b^2 + 2ab + ac + bc$
  geordnet und zusammengefasst

Alle drei Terme sind gleichwertig.

a. Entnimm dem Bild zusammengesetzte Rechtecke. Zeichne sie ab und beschrifte sie. Drücke die zusammengesetzte Fläche durch verschiedene, gleichwertige Terme aus.
b. Tauscht Terme aus und sucht dazugehörende Flächen. Vergleicht.

32 Unser Wasser

Wasser ist kostbar! Verschwenden wir es nicht?!

„Das nächste Jahrhundert wird das Jahrhundert des Wassers: Wer es hat, wird reich sein, wer es vergeudet, ein Dummkopf, und wer es verschmutzt, ein Verbrecher."

(Antoine de Saint-Exupéry, 1900 – 1944)

1 Nimm Stellung zu Exupérys Aussage.

2 In einer siebten Klasse haben 10 Schülerinnen und Schüler zu Hause an einem Tag den Wasserverbrauch in Litern an verschiedenen Stellen gemessen.

	Betül	Lukas	Anika	Marc	Anne	Malte	Leah	Mario	Arina	Fabian
Toilette	24	30	18	40	36	30	24	21	17	36
Hände waschen	1,5	2,5	4	1,5	2,4	2,5	1,2	2,5	3	2
Trinken	1,5	2,1	3,1	1	2,5	2	1,5	2	5	2
Wäsche waschen	10	15	17	11	29	25	7	23	12	10
Kochen	5	2	3	1,5	5	3	5	3	1,5	1

Online-Link
700171-3201
Daten in einer Tabellenkalkulation

a. Was fällt euch an den Messergebnissen auf?
b. Ihr könnt, wenn möglich, in eurer Klasse eine eigene Erhebung durchführen und eure Ergebnisse mit den obigen Ergebnissen vergleichen. Überlegt dazu gemeinsam, wie man vorgehen kann, um die einzelnen Daten möglichst genau zu erheben.
c. Teilt die Messergebnisse untereinander auf und erstellt aus den obigen Urlisten Häufigkeitstabellen und Häufigkeitsdiagramme.
d. Berechnet jeweils arithmetisches Mittel und Zentralwert. Zeichnet dazu einen Boxplot.
e. Diskutiert darüber, welche Werte und Darstellungen hier sinnvoll sind.

3 Mindestens dreimal täglich sollten die Zähne geputzt werden, damit keine schädlichen Zahnbeläge entstehen können. Dabei sollte eine Putzzeit von mindestens drei Minuten eingehalten werden.
a. Lässt du beim Zähneputzen das Wasser weiter laufen? Wie groß ist die Wassermenge, die dabei in einem Jahr verschwendet werden würde?
b. Wie lässt sich diese Wassermenge veranschaulichen?

4 Anna nimmt zweimal in der Woche ein Vollbad. Wie viel Wasser könnte sie pro Woche einsparen, wenn sie stattdessen duschen würde?

L *Daten erheben und auswerten.*
Informationen aus Sachtexten/Grafiken entnehmen und interpretieren.

5 Das Abstellen des Wassers beim Zähneputzen und Duschen statt Baden sind Möglichkeiten, Wasser im Haushalt einzusparen. Sammelt weitere Ideen, wie man Wasser im Haushalt einsparen könnte. Überlegt dabei, wie viel Wasserersparnis einzelne Vorschläge bewirken könnten.

Für die Beseitigung und Reinigung des in die Kanalisation geleiteten Wassers erheben die Kommunen bzw. die Stadtwerke Abwassergebühren.
Ein hohes Gericht hat nun festgelegt, dass die Abwassergebühren aufgeteilt werden müssen: der Frischwasserverbrauch und das anfallende Niederschlagswasser müssen getrennt berücksichtigt werden. Damit sind neue finanzielle Anreize gegeben, Flächen zu entsiegeln, damit das Regenwasser wieder versickern kann, bzw. Regenwasser in Zisternen oder Ähnlichem aufzufangen und zu nutzen.

Was hältst du davon? Begründe deine Meinung.

Schmutzwasser ist Abwasser aus Haushalten

Niederschlagswasser ist hier Regen (auch Hagel oder Schnee), der in die Kanalisation eingeleitet wird, da er nicht versickern kann.

Entwässerung Vertrags-Nr. 1180161837 — Ihre Verbräuche im Zeitraum 08.12.2007 bis 12.12.2008:

Ablesezeitraum	Ablese-(1) art/grund	Zählernummer	Zählwerksnummer	Zählerstand alt	Zählerstand neu	Differenzstände	Faktor	Verbrauch(5)
Schmutz- und Niederschlagswasser								
08.12.2007 – 12.12.2008	2 01	1100083847	001	79	388	309	1,0000	309 m³
Verbrauch Vorjahr (366 Tage):	VB	332 m³				Verbrauch akt. Jahr:	VB	309 m³

Ihre Gebühren im Zeitraum 08.12.2007 bis 12.12.2008:

Abrechnungszeitraum von	bis	Preisart	Preiszone	Verbrauch bzw. Anzahl	Preis	Anteil Tage	Betrag(4)
Schmutz- und Niederschlagswasser							
08.12.2007 bis 12.12.2008		Niederschlagswasser		342 m³	1,66 EUR/m³		575,50 EUR
08.12.2007 bis 12.12.2008		Schmutzwasser		309 m³	2,39 EUR/m³		738,51 EUR
In nachstehender Summe enthaltene 0% Umsatzsteuer				0,00 EUR		Summe	1314,01 EUR

Es werden verschiedene Lösungen für die Regenwassernutzung angeboten. Die Kosten für eine Hausanlage mit Zisterne können zwischen 3500 Euro und 10 000 Euro liegen. Zisternen/Regenwassertanks können außerhalb oder innerhalb des Hauses installiert werden. Sie haben ein Volumen zwischen 1000 l und 5000 l. Das Regenwasser wird auf dem Dach aufgefangen und dann in die Zisterne geleitet.

Niederschlagsmenge in l/m² (Durchschnittswerte für Nordrhein-Westfalen)

Monat	Jan.	Feb.	März	April	Mai	Juni	Juli	Aug.	Sept.	Okt.	Nov.	Dez.
Niederschlag	80,2	35,6	98,4	101,4	43,6	85,0	84,2	79,0	54,4	84,6	63,0	70,1

33 Quod erat demonstrandum

Etwa um 600 v. Chr. entstand bei den Griechen das Bedürfnis, nicht auf das zu vertrauen, was man sieht, sondern Behauptungen exakt zu begründen, das heißt zu beweisen. Heute gilt der Zeitpunkt, zu dem der erste Beweis geführt wurde, als die Geburtsstunde der Mathematik.

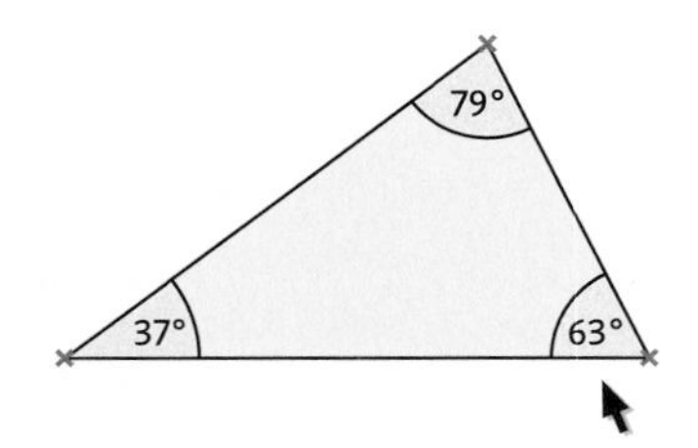

Florian: „Ich habe das mit dem Dreieck mit der DGS ausprobiert, und festgestellt, dass es gar nicht immer stimmt, dass die Winkelsumme 180° ist. Ich hatte auch Dreiecke, bei denen es nur 179° waren."
Sabine: „Das waren bestimmt Messfehler."
Florian: „Aber doch nicht mit dem Computer."
Kevin: „Aber war das dann falsch, was wir letztes Jahr herausgefunden haben?"
Christine: „Es muss doch eine Möglichkeit geben, festzustellen, ob es stimmt, oder nicht. Jeder überlegt jetzt mal und dann vergleichen wir."

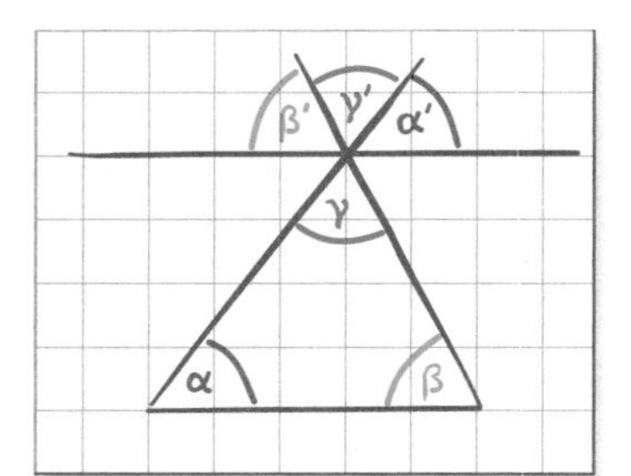

Florian:
Ich brauche für meine Begründung eine Hilfslinie, die parallel zur Grundseite des Dreiecks liegt.
Also, die Winkel α und α' sind gleich groß, weil sie Stufenwinkel sind.
Das Gleiche gilt für β und β'.
γ und γ' sind Scheitelwinkel, also auch gleich groß.
α', β' und γ' sind zusammen so groß, wie ein gestreckter Winkel, also 180°.
Damit ist es bewiesen.

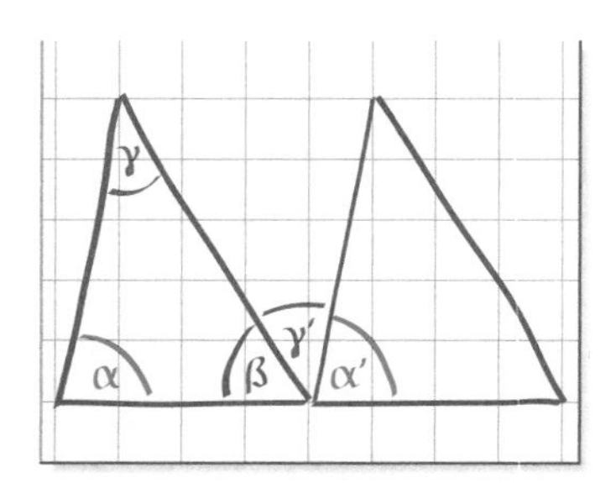

Kevin:
Meine Lösung ist einfacher: Ich zeichne das gleiche Dreieck noch einmal daneben.
Da sieht man sofort, dass α genauso groß ist wie α' und γ so groß wie γ'.
α', β und γ' ergeben zusammen 180°.

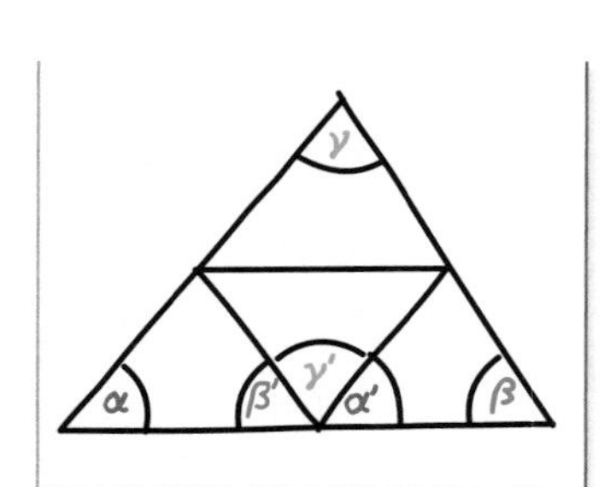

Sabine:
Ich teile mein Dreieck in vier kongruente Dreiecke, indem ich die Seitenmittelpunkte miteinander verbinde. Da die vier Dreiecke kongruent sind, muss α' so groß sein wie α und β' so groß wie β. Da die Winkelsumme auch gleich groß sein muss, ist γ' so groß wie γ. Alle drei bilden eine Gerade, also 180°.

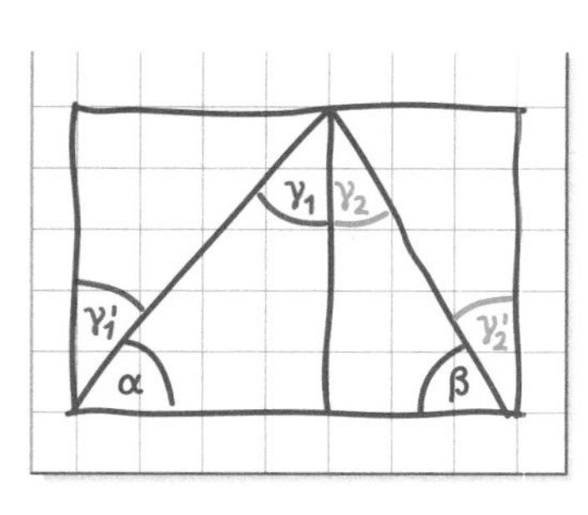

Christine:

	$\alpha + \gamma_1' = 90°$	| α und γ_1' bilden zusammen die Ecke eines Rechtecks
(I)	$\alpha + \gamma_1 = 90°$	| γ_1 und γ_1' sind Wechselwinkel
	$\beta + \gamma_2' = 90°$	| β und γ_2' bilden zusammen die Ecke eines Rechtecks
(II)	$\beta + \gamma_2 = 90°$	| γ_2 und γ_2' sind Wechselwinkel
	$\alpha + \gamma_1 + \beta + \gamma_2 = 90° + 90°$	| folgt aus (I) und (II)
	$\alpha + \beta + \gamma_1 + \gamma_2 = 180°$	| zusammengefasst
	$\alpha + \beta + \gamma = 180°$	| $\gamma_1 + \gamma_2 = \gamma$

L *Mathematische Aussagen begründen und beweisen.*

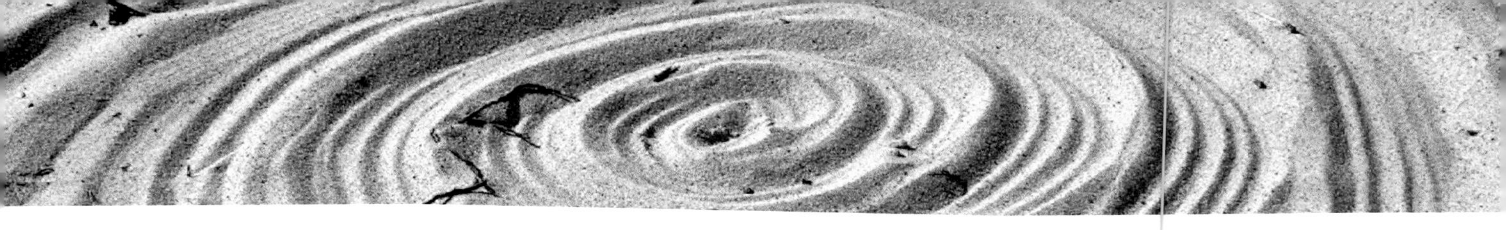

1 Diskutiert die vier Argumentationen. Welche gefällt euch am besten? Was gefällt euch daran? Gibt es Stellen, an denen Argumentationsschritte nicht schlüssig sind? Gibt es Lücken in den Argumentationen?

Achtung!
Die Zeichnungen sind nicht maßstabsgerecht.

2 Bestimme die Größe des Winkels α. Begründe dabei jeden einzelnen Argumentationsschritt.

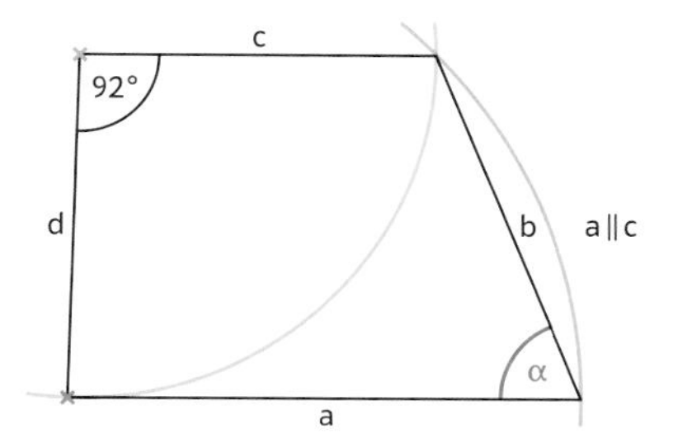

3 Gib die Größe des Winkels α an. Begründe dabei jeden einzelnen Argumentationsschritt.

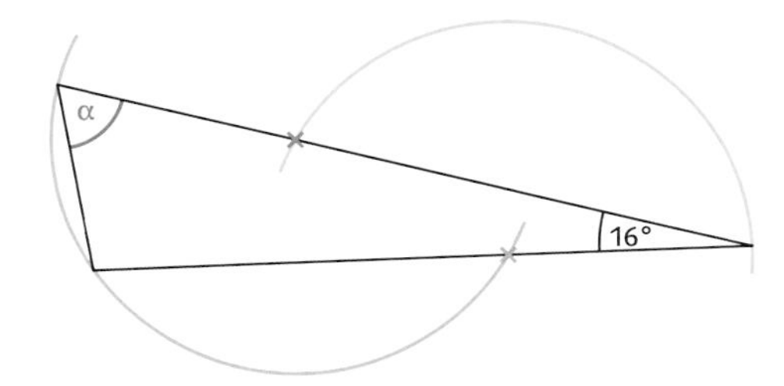

4 Berechne die Seitenlänge x des Quadrates. Begründe dabei jeden einzelnen Argumentationsschritt.

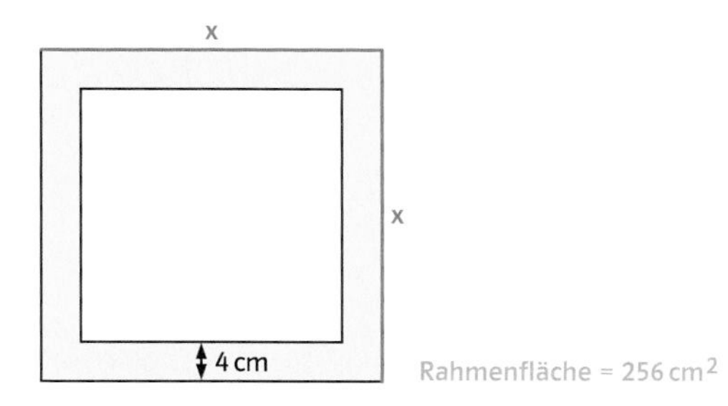

5 Beweist folgende Aussagen über Innenwinkelsummen und schreibt eure Argumentation genau auf:

a. In einem Viereck beträgt die Summe der Innenwinkel 360°.

b. In einem n-Eck beträgt die Summe der Innenwinkel $(n - 2) \cdot 180°$.

6 Beweist die Richtigkeit der folgenden Gleichungen und begründet jeden Rechenschritt.

a. $(a + b)^2 = a^2 + 2ab + b^2$

b. $(a - b)^2 = a^2 - 2ab + b^2$

c. $(a + b) \cdot (a - b) = a^2 - b^2$

34 Die große Reise

Hast du schon einmal eine große Reise gemacht? Die muss genau geplant werden. Dabei spielen sicher auch finanzielle und ökologische Aspekte eine Rolle. Zu anstrengend soll die Reise auch nicht werden.

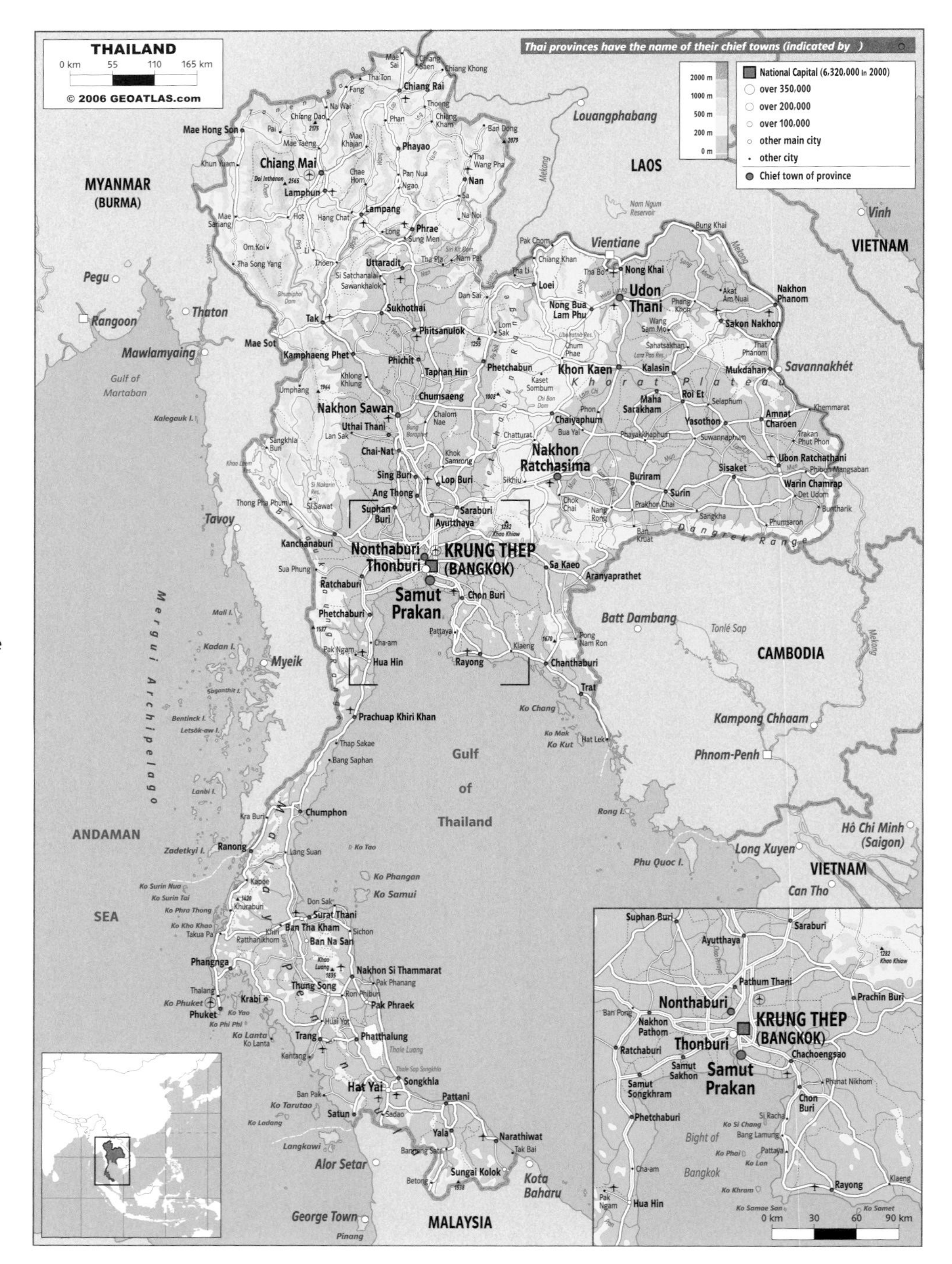

Mutter:
Die alte Kaiserstadt Hua Hin möchte ich unbedingt besuchen. Außerdem interessiert mich der Norden Thailands mit Chiang Mai und dem goldenen Dreieck sehr. Eine Schifffahrt auf dem Meer wäre auch sehr schön.

Sohn:
Ich möchte auf einer der Inseln einen Tauchkurs machen. Ein Besuch in einem der Elefantencamps im Norden des Landes wäre super. Da könnte ich auch eine Flussfahrt auf einem Floß machen.

Vater:
Ich möchte gerne die Tempel in Bangkok und Khorat besichtigen. Überall möchte ich die Thai-Küche genießen.

Tochter:
Ich schwimme gerne im Meer. Ich liebe die Natur und daher möchte ich die vielen Pflanzen und Tiere Thailands kennenlernen. Natürlich möchte ich auch auf den Märkten von Bangkok shoppen gehen.

1 Familie Gaiger aus Bielefeld möchte in den nächsten Weihnachtsferien eine Reise nach Thailand machen. Alle haben verschiedene Interessen. Sie möchten das Land und die Leute kennenlernen, sie möchten sich aber auch etwas ausruhen. Natürlich soll die Reise auch nicht zu viel kosten.

a. Stellt einen Reiseplan auf, der möglichst viele Interessen und Wünsche berücksichtigt.

b. Stellt euch gegenseitig eure Reisepläne vor. Welcher wird den Wünschen am besten gerecht? Diskutiert.

L *Eine Reise planen und kalkulieren, Zeiten und Währungen umrechnen, Orientierung auf der Erdkugel.*

2 Die thailändische Währung ist der Baht.

a. Recherchiert den Umrechnungskurs und erstellt eine Tabelle, mit der man leicht Euro in Baht umrechnen kann und umgekehrt.

b. Das durchschnittliche monatliche Einkommen eines Angestellten in Thailand beträgt etwa 10 000 Baht. Vergleicht.

c. Ein Taxi-Fahrer in Bangkok verlangt für eine Strecke von 5 km von dem Touristen 1200 Baht. Prüft, ob der Preis angemessen ist.

d. Teure Hotels in Thailand geben die Zimmerpreise in Dollar an. Für eine Übernachtung mit Frühstück werden 120 $ verlangt.

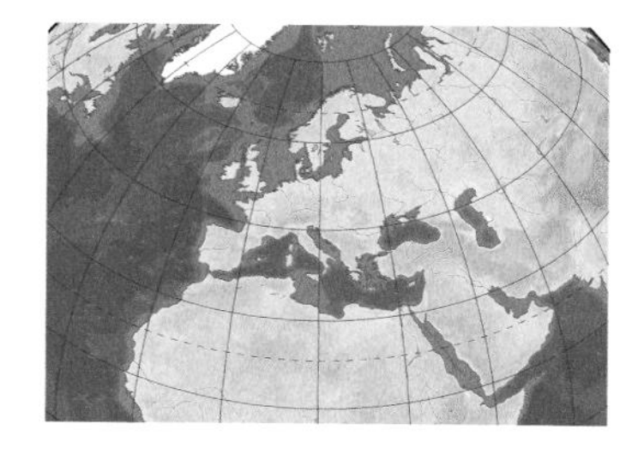

3 Zur Orientierung auf der Erdkugel wird diese mit einem Netz von Breiten- und Längenkreisen überzogen. Die Lage eines Ortes auf der Erde wird dann durch die Angabe des entsprechenden Breiten- und Längenkreises angegeben. Um die nördliche Halbkugel von der südlichen Halbkugel zu unterscheiden, wird der Zusatz N bzw. S angegeben. Orte östlich des Null-Meridians, der durch London verläuft, werden mit E gekennzeichnet, die westlich davon liegenden mit W.

a. Gebt die Lage von Bangkok durch seine Koordinaten an.

b. Welche Koordinaten hat eure Heimatstadt?

c. Welche großen Städte liegen etwa auf dem gleichen Breitenkreis wie Madrid?

d. Welche deutsche Hafenstadt liegt etwa auf dem gleichen Längenkreis wie Tunis?

4 Der Erdradius beträgt etwa 6400 km.

a. Begründet, warum der Erdumfang ungefähr mit 40 000 km angegeben wird.

b. Katinka behauptet, dass der kürzeste Abstand auf der Erdkugel zwischen zwei Orten, die auf dem gleichen Breitenkreis liegen, nicht durch den Breitenkreis gebildet wird. Ein Flugzeug, das den kürzesten Weg sucht, sollte nach ihrer Meinung also nicht über dem gemeinsamen Breitenkreis fliegen. Was meint ihr dazu? Nehmt euch einen Globus als Hilfe.

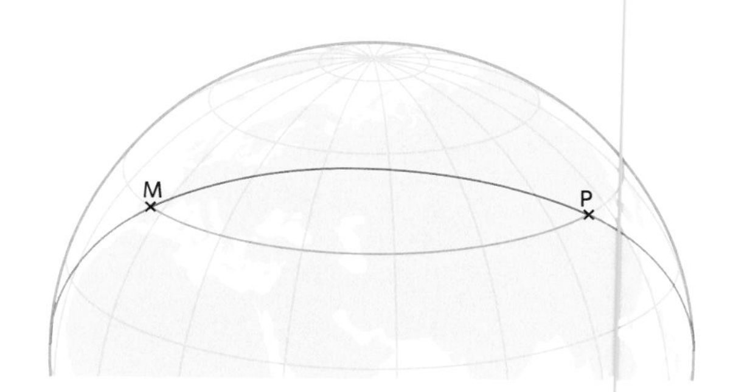

5 Der Zeitunterschied zwischen Deutschland und Thailand beträgt im Winter 6 Stunden.

a. In Thailand gibt es den Unterschied zwischen Sommer- und Winterzeit nicht. Wie groß ist demnach der Zeitunterschied zwischen Deutschland und Thailand im Sommer?

b. Im August startet der Flug von München nach Phuket um 17:45 Uhr deutsche Zeit und erreicht den Flughafen der thailändischen Insel um 9:25 Uhr Ortszeit. Wie lange dauert der Hinflug?

c. Der Rückflug dauert 12 Stunden und 5 Minuten. Woran könnte die unterschiedliche Flugzeit liegen? Ein Flieger landet zu Weihnachten von Phuket kommend um 18:15 Uhr in München. Wann ist er in Phuket nach thailändischer Zeit gestartet?

d. Herr Gaiger ruft von Thailand aus seinen Bruder in Bielefeld an. Dieser ist sehr ungehalten. Wann hat Herr Gaiger angerufen?

35 Emmy Noether

Jede von euch hat schon von berühmten deutschsprachigen Mathematikern wie zum Beispiel Gauß, Leibniz oder Euler gehört. Aber auch Mathematikerinnen haben in Deutschland wesentlich zur Forschung beigetragen. Eine von ihnen war Emmy Noether.

Amalie Noether wurde am 23. März 1882 als Tochter des Mathematikprofessors Max Noether und seiner Frau Ida in Erlangen geboren. Amalie wurde aber immer Emmy gerufen, sodass es bei diesem Rufnamen blieb. Emmy wurde im jüdischen Glauben erzogen und besuchte die Städtische Höhere Töchterschule in Erlangen. Mit achtzehn Jahren wurde sie Lehrerin für Französisch und Englisch. Nach kurzer Zeit erwachte in ihr der Wunsch nach einem Studium der Naturwissenschaften. Sie studierte in Erlangen und war eine von zwei Studentinnen, die es an der dortigen Universität gab. 1907 wurde sie Doktor der Mathematik. Sie wechselte an die Universität Göttingen, die zu dieser Zeit das führende mathematische Zentrum der Welt war. Einer der berühmtesten Professoren dort war David Hilbert, bei dem sie Assistentin wurde. Emmy Noether wollte auch Professorin für Mathematik werden, aber damals waren nur Männer für eine Professur zugelassen. Der Antrag für eine Ausnahmegenehmigung für „Fräulein Dr. Emmy Noether" wurde vom preußischen Minister abgelehnt. Als Hilbert davon erfuhr, sagte er: „Das ist hier doch eine Universität und keine Badeanstalt." Emmy Noether hielt aber trotzdem Vorlesungen ab, doch zunächst unter dem Namen Hilberts. 1922 durfte sie dann doch Professorin werden, bekam aber zunächst kein Gehalt, weil sie eine Frau war. Sie forschte im Gebiet der Algebra. Bestimmte Strukturen wurden nach ihr benannt, die „Noetherschen Ringe". Ihr Vorlesungsstil war chaotisch, ihre Studenten bezeichnete sie als „Trabanten" oder „Noether-Knaben". Diese lud sie an vielen Abenden in ihre kleine Wohnung ein, wo beim Verzehr von gewaltigen Puddingmengen über höchste Mathematik diskutiert wurde.
1933 wandert Emmy Noether in die USA aus. Sie lehrte dann an der Universität von Pennsylvania. Am 14. April 1935 verstarb sie an den Folgen einer Operation.
1982 wurde ihr zu Ehren ein Gymnasium in ihrer Heimatstadt in „Emmy-Noether-Gymnasium" umbenannt.

Die Algebra ist ein Teilgebiet der Mathematik, in dem es um Rechenregeln und das Lösen von Gleichungen geht. Das Wort ist eine Verballhornung von „al-jabr", Teil des Titels eines persischen Rechenbuchs aus dem 13. Jahrhundert.

1 Sucht die Lebensdaten von Emmy Noether aus dem Text heraus und schreibt sie in eine Tabelle zusammen mit den jeweiligen Altersangaben.

2 Beantwortet zusammen folgende Fragen:

a. Was meinte David Hilbert mit seinem Ausspruch, dass es sich um eine Universität und nicht um eine Badeanstalt handele?

b. Warum musste Emmy Noether in die USA auswandern?

L *Die Mathematikerin Emmy Noether kennenlernen und die heutige Chancengleichheit für Mädchen würdigen.*

3 Obwohl die Zahlen der weiblichen Studentinnen im Fach Mathematik stark gestiegen sind, gibt es in diesem Fach noch immer mehr männliche Studierende. Auch in der Schule ist das Fach Mathematik bei Mädchen nicht so beliebt, wie man immer an den Kurswahlen und auch an den Teilnehmerzahlen beim Bundeswettbewerb Mathematik sehen kann. Und dass, obwohl in Deutschland mehr Mädchen als Jungen das Abitur schaffen und dabei auch bessere Ergebnisse erzielen.

a. Diskutiert, ob das Fach Mathematik bei Mädchen an eurer Schule nicht so beliebt ist.

b. Können Jungen besser Mathematik als Mädchen? Ein Ergebnis der Pisa-Studie 2006 ist:

Ein Unterschied von 25 Punkten entspricht etwa dem Lernzuwachs in einem Schuljahr.

In fast allen Ländern erreichen die Jungen signifikant höhere Werte in der mathematischen Kompetenz als die Mädchen. Ausnahmen sind Niedersachsen und Rheinland-Pfalz, in denen Differenzen zugunsten der Jungen nicht statistisch bedeutsam sind. Besonders große Abstände zwischen den Mädchen und Jungen zeigen sich im Saarland (30 Punkte) und in Bayern (27 Punkte). Allerdings sind auch beim Geschlechtervergleich die (deutlich größeren) Länderunterschiede zu berücksichtigen, denn zum Beispiel wird die mathematische Kompetenz der Mädchen in Sachsen (Mittelwert von 517 Punkten) nur von den Jungen in Bayern, Sachsen, Baden-Württemberg und Thüringen (jeweils im Mittel) übertroffen.

c. Warum ist es für Jungen und Mädchen wichtig, sich intensiv mit Mathematik zu beschäftigen?

d. Es gibt einige Projekte, Mädchen mehr für Mathematik und technische Fächer zu interessieren, wie zum Beispiel „CyberMentor“ und „Girls´-Day“. Informiert euch über diese und ähnliche Projekte.

Anzeigenmotiv des Bundesministeriums für Bildung und Forschung zum Jahr der Mathematik 2008

Inhalt

Diese Begriffe solltest Du nach der Bearbeitung der Lernumgebung verstehen und verwenden können. Nicht immer ist die formale Definition die wichtigste. (Fakultative Inhalte sind mit dem Zeichen versehen, sollten aber auch nicht generell weggelassen werden. Das gilt insbesondere für Lernumgebungen mit überwiegend wiederholendem Charakter, die mit gekennzeichnet sind. Lernumgebungen, die Angebote bereitstellen, die die prozessbezogenen Kompetenzen Werkzeuge nutzen, Modellieren und Problemlösen fördern, sind mit gekennzeichnet. Weitere Hinweise dazu finden Sie im Begleitband für Lehrpersonen.)

23 **Wählen**
Grundwert, Prozentwert, Prozentsatz, proportional

24 **Gleisanlagen**
Variable, Term, Kommutativgesetz, Assoziativgesetz, Distributivgesetz

25 **Daten erheben**
Fragebogen, Diagramm

26 **Daten auswerten**
arithmetisches Mittel, Zentralwert, Quartil, unteres Quartil, oberes Quartil, Quartilabstand, Boxplot, Spannweite, Rangliste, Kennwert, Ausreißer

27 **kreuz und quer**
Nebenwinkel, Scheitelwinkel, Stufenwinkel, Wechselwinkel, kongruent, Konstruktion, eindeutig konstruierbar

28 **Mandalas**
deckungsgleich, kongruent, ähnlich, Vergrößerungsfaktor, Verkleinerungsfaktor, Vergrößerung, Verkleinerung, Strahl, Konstruktion, Achsenspiegelung, Punktspiegelung, Verschiebung, Drehung

29 **Prüfziffern**
Prüfziffer, Code

30 **Mit Zahlen Punkte festlegen**
Koordinaten, Koordinatensystem, Nullpunkt, Ursprung, x-Achse, y-Achse, Skala, Quadrant

31 **Produkte**
Produkt, Faktor, Summe und Differenz von Termen, Variable, Distributivgesetz

32 **Unser Wasser**
Daten, Quartil, Boxplot

33 **Quod erat demonstrandum**
Behauptung, Beweis

34 **Die große Reise**
Größen umrechnen

35 **Emmy Noether**
Algebra

Lexikon der mathematischen Begriffe

Folgende mathematische Fachbegriffe spielen in den genannten **Lernumgebungen** eine wichtige Rolle.

A

Abbildung 28
Eine geometrische Abbildung beschreibt, wie die Punkte einer Originalfigur den Punkten der Bildfigur zugeodnet werden.

absolute Häufigkeit 20
Die Anzahl der Versuche, bei denen man ein bestimmtes Ergebnis erhält, nennt man absolute Häufigkeit dieses Ergebnisses.

Abstand 17
Der Abstand eines Punktes P zu einer Geraden g ist die Länge des Lotes von P zur Geraden g.

Abwicklung 12
(vgl. Netz)

Achse 7
(vgl. Koordinatensystem)

achsensymmetrisch; Achsenspiegelung 22; 28
Eine achsensymmetrische Figur kommt mit sich zur Deckung, wenn sie an einer Spiegelachse (Symmetrieachse) bzw. mit einem Spiegel gespiegelt wird.

addieren, Addition 10; 16
Addieren bedeutet zusammenzählen.
Das Zusammenzählen heißt Addition.

ähnlich 28
Wenn bei einer geometrischen Abbildung die Originalfigur und die Bildfigur dieselbe Form haben, bleiben alle Winkel und Seitenverhältnisse der Figur gleich groß. In der Geometrie nennt man diese Figuren dann ähnlich.

Algebra, algebraisch 10; 11; 31; 35
Mit dem Begriff Algebra bezeichnet man allgemein das Rechnen mit Variablen (im Gegensatz zum Rechnen mit Zahlen). Viele allgemeine Gesetzmäßigkeiten lassen sich in Worten oder algebraisch, d.h. für beliebige Zahlen, beschreiben.

Annahmen treffen 4
Nicht immer weiß man alles ganz genau, was man für eine Rechnung braucht. Man kann aber sinnvolle Annahmen treffen (Vermutungen anstellen) und damit vernünftige Ergebnisse errechnen. Wichtig ist, dass man sauber aufschreibt, was man angenommen hat.

Anteil 19; 20; 23
Brüche können auch als Anteile an einem Ganzen aufgefasst werden, das aus mehreren Ganzen besteht, z.B. 6 von 24 sind $\frac{1}{4}$.

antiproportional; Antiproportionalität 18
Ist das Produkt zweier zugeordneten Größen x und y immer gleich, so spricht man von einer antiproportionalen (oder umgekehrt proportionalen) Zuordnung oder einer Antiproportionalität.

Ar 1
Flächenmaß $1\,a = 100\,m^2 = 10\,m \cdot 10\,m$

arithmetisches Mittel 26
(vgl. auch Mittelwerte) Man berechnet das arithmetische Mittel, indem man alle Werte addiert und dann die Summe durch die Anzahl der Werte teilt.

Assoziativgesetz 10; 24
Beim Addieren ist es manchmal geschickt, Klammern zu versetzen, die Summe bleibt dabei gleich. Diese Eigenschaft nennt man Assoziativgesetz. Algebraisch ausgedrückt: $a + (b + c) = (a + b) + c$
Analog gilt für die Multiplikation $a \cdot (b \cdot c) = (a \cdot b) \cdot c$

Ausreißer 26

B

Balkendiagramm 25

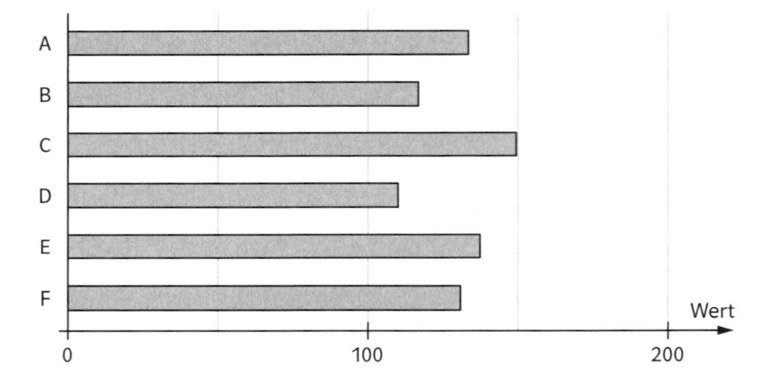

Basis 16
(vgl. Potenz)

Baumdiagramm 16

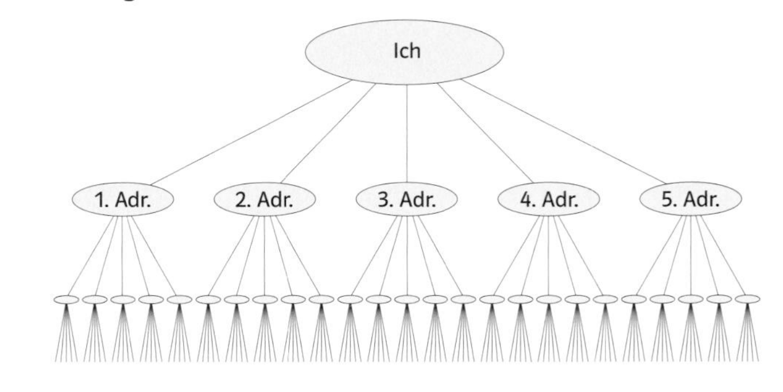

Behauptung 33
(vgl. Beweis)

Betrag
Den Abstand einer Zahl zur Null am Zahlenstrahl nennt man Betrag der Zahl. Man schreibt $|-3| = 3$.

Beweis 33
Ein Beweis ist eine schlüssige, lückenlose Argumentationskette, die aufgestellt wird, um die Gültigkeit einer Aussage (Behauptung) unmissverständlich und unwiderruflich zu belegen.

Billiarde 2
10^{15}

Billion 2
10^{12}

Boxplot 26; 32
Boxplots sind Kennwertdiagramme, in denen die Kennwerte Minimum, Maximum, unteres und oberes Quartil sowie Zentralwert eingetragen werden.

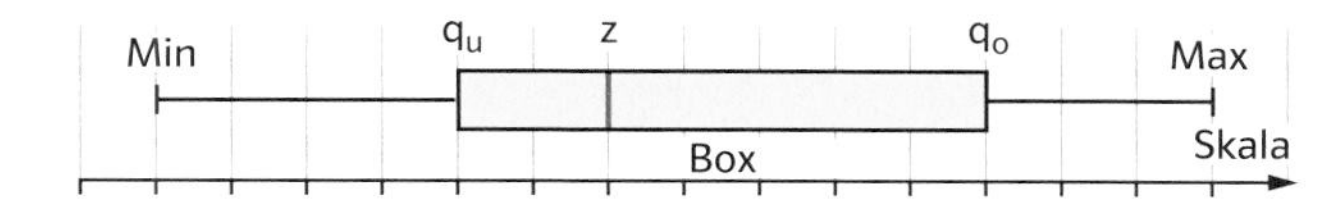

Bruch 11; 19
Brüche können als Teile von einem Ganzen aufgefasst werden. Je nach Situation kann man sie verschieden darstellen. (vgl. Dezimalbruch)
3 Zähler
— Bruchstrich
5 Nenner

Bruch, Wert eines Bruchs 19
(vgl. Bruchzahl)

Brüche addieren 11
Summen von zwei Brüchen können am Rechteckmodell dargestellt und bestimmt werden.
Man addiert zwei Brüche, indem man sie auf den gleichen Nenner bringt, die Zähler addiert und den gemeinsamen Nenner beibehält.
Algebraisch: $\frac{x}{a} + \frac{y}{b} = \frac{xb + ya}{ab}$

Brüche dividieren 11
Man kann zwei Brüche dividieren, indem man den ersten Bruch mit dem Kehrwert des zweiten Bruchs multipliziert. Algebraisch: $\frac{x}{a} : \frac{y}{b} = \frac{x}{a} \cdot \frac{b}{y}$

Brüche erweitern 11
Man erweitert einen Bruch, indem man Zähler und Nenner mit der gleichen Zahl multipliziert. Beim Erweitern bleibt der Wert des Bruches unverändert.

Brüche, gleichnamige 11
Zwei Brüche sind gleichnamig, wenn sie den gleichen Nenner haben.

Brüche kürzen 11
Man kürzt einen Bruch, indem man Zähler und Nenner durch die gleiche Zahl dividiert. Beim Kürzen bleibt der Wert des Bruches unverändert.

Brüche multiplizieren 11
Man multipliziert zwei Brüche, indem man das Produkt der Zähler durch das Produkt der Nenner dividiert.
Algebraisch: $\frac{x}{a} \cdot \frac{y}{b} = \frac{x \cdot y}{a \cdot b}$

Brüche subtrahieren 11
Man subtrahiert zwei Brüche, indem man sie auf den gleichen Nenner bringt, die Zähler subtrahiert und den gemeinsamen Nenner beibehält.
Algebraisch: $\frac{x}{a} - \frac{y}{b} = \frac{b \cdot x - a \cdot y}{a \cdot b}$

Brüche vergleichen 11

Bruchzahl 19
Bruchzahlen können am Zahlenstrahl eingetragen werden. Alle Brüche, die denselben Wert haben, stehen an derselben Stelle des Zahlenstrahls.

C

Codierung 21; 29

D

Deckfläche 9
(vgl. Prisma und Grundfläche)

deckungsgleich 27; 28
(vgl. kongruent)

Definitionsmenge

deka 1
(s. Tabelle unter Stufenzahlen)

dezi 1
(s. Tabelle unter Stufenzahlen)

Dezimalbruch 19
Dezimalbrüche sind andere Darstellungen für Brüche, also gebrochene Zahlen, die auf dem Zahlenstrahl eingetragen werden können.

Dezimalbruch, abbrechender 19

Dezimalbruch, periodischer 19
Jeder Bruch lässt sich als abbrechender oder periodischer Dezimalbruch darstellen. Umgekehrt lässt sich jeder abbrechende und jeder periodische Dezimalbruch auch als Bruch darstellen.

Diagonale, diagonal 9
Die Verbindungsstrecke nicht nebeneinander liegender Punkte in einem Vieleck heißt Diagonale.

Differenz 31
Das Ergebnis einer Subtraktion nennt man Differenz.

Distributivgesetz 10; 24
Es ist egal, ob man eine Zahl mit einer Summe multi-

pliziert oder die Summanden mit der Zahl multipliziert und dann addiert. Algebraisch ausgedrückt lautet das Distributivgesetz: $a \cdot (b + c) = a \cdot b + a \cdot c$

dividieren, Division 11
Dividieren bedeutet teilen. Das Teilen heißt Division.

Drehsymmetrie 22; 28

Drehwinkel 22; 28

Dreieck, Flächeninhalt 9
Der Flächeninhalt eines Dreiecks ist halb so groß wie das Produkt der Länge einer Seite und der auf dieser Seite errichteten Höhe des Dreiecks.

Dreieck, gleichseitiges 33
(vgl. regelmäßige Vielecke)

Dreieck, eindeutig konstruierbar 27
Ein Dreieck ist eindeutig konstruierbar, wenn folgende drei Stücke gegeben sind:
- drei Seitenlängen (sss)
- zwei Seitenlängen und das Maß des eingeschlossenen Winkels (sws)
- eine Seitenlänge und die Größe der beiden anliegenden Winkel (wsw)

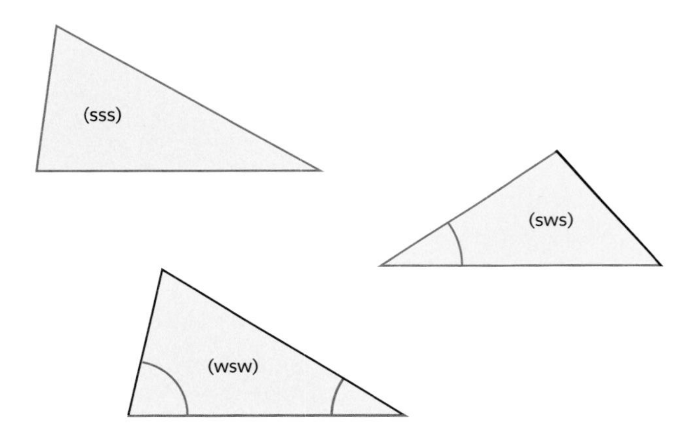

Dreieck, rechtwinkliges 33
(vgl. rechtwinklig)

Dreieck, spitzwinkliges 33

Dreieck, stumpfwinkliges 33

Dreisatz 7
Kennt man von einem proportionalen Zusammenhang ein Wertepaar, so kann man durch Dividieren erst auf die Einheit und dann durch Multiplizieren auf das gesamte Vielfache schließen: 10 Eier kosten 2 € → 1 Ei kostet 0,20 € → 3 Eier kosten 0,60 €.

Durchmesser 7
(vgl. Kreis)

Durchschnitt 26
(vgl. Mittelwert)

E

Exponent (Hochzahl) 2, 6, 16
(vgl. Potenz)

F

Fläche 9

Flächeninhalt 9
(Einheiten und Umrechnungen vgl. Tabelle im Anhang)

Fragebogen 25

funktionaler Zusammenhang 14; 18

G

ganze Zahl 3
Die natürlichen Zahlen und die negativen natürlichen Zahlen (einschließlich Null) nennt man auch ganze Zahlen.

Gerade 27
Eine Gerade ist eine in beiden Richtungen unendlich verlängerte Strecke.

Geschwindigkeit, durchschnittliche 24

Gesetzmäßigkeit 8; 11
Viele Folgen oder Zusammenhänge zwischen Größen lassen sich als Gesetzmäßigkeiten in Worten oder mit Termen beschreiben.

ggT
(vgl. Teiler)

gleichartige Terme 24

Gleichung 11; 14; 15
Eine Gleichung ist die Verbindung zweier Terme mit einem Gleichheitszeichen.
Man kann Gleichungen verwenden, um Situationen mathematisch zu beschreiben.

gleichwertige Terme 8; 14; 15
Terme die bei jeder Einsetzung derselben Zahl den gleichen Wert liefern, sind gleichwertig. Sie beschreiben den gleichen Zusammenhang auf verschiedene Arten.

Graph 7; 18
Mithilfe von Graphen kann man die Abhängigkeit zwischen zwei Größen im Koordinatensystem darstellen. Je nach Sachverhalt können Graphen aus isolierten Punkten, nicht zusammenhängenden oder durchgezogenen Linien bestehen.

Grundfläche 9
(vgl. Prisma).

Grundwert 23
Der Grundwert bezeichnet das Ganze, also die Zahl oder Größe, von der ein Anteil in Prozent oder der Prozentwert zu einem bestimmten Prozentsatz berechnet wird.

H

Häufigkeit 20; 23

Trifft ein Spieler 7 von 12 Bällen ins Tor, dann ist die Anzahl 7 die absolute Häufigkeit, mit der er trifft. Der Anteil an der Gesamtzahl wird auch relative Häufigkeit genannt. Er trifft also mit einer relativen Häufigkeit von $\frac{7}{12}$.

Hektar 1

Flächenmaß 1 ha = 10 000 m² = 100 m · 100 m

hekto 1

(s. Tabelle unter Stufenzahlen)

Höhe 9

Im Dreieck heißt die kürzeste Verbindungsstrecke von einem Eckpunkt zur gegenüberliegenden Dreiecksseite (oder ihrer Verlängerung) Höhe.

I

Innenwinkel 33

Die Winkel, die im Innern eines Dreiecks, Vierecks usw. liegen, werden Innenwinkel genannt. Sie werden der Reihe nach, aber gegen den Uhrzeigersinn mit griechischen Kleinbuchstaben bezeichnet. In allen Dreiecken ist die Innenwinkelsumme 180°.

K

Kennwert 26

Kennwerte helfen, große Datenmengen zu beschreiben. Zu den Kennwerten gehören arithmetisches Mittel, Zentralwert, Quartile, Minimum und Maximum.

kgV

(vgl. Vielfache)

kilo 1

(s. Tabelle unter Stufenzahlen)

Klammern 10

Was in Klammern steht, wird zuerst berechnet.
Sind Klammern ineinander geschachtelt, so werden innere Klammern zuerst berechnet.

Kombinationen 13; 29

Kommutativgesetz 10; 24

Beim Addieren ist es manchmal geschickt, Summanden zu vertauschen. Die Summe bleibt gleich. Diese Eigenschaft nennt man Kommutativgesetz. Algebraisch ausgedrückt: Für beliebige Zahlen a und b gilt: $a + b = b + a$. Analoges gilt für die Multiplikation.

kongruent 27; 28

Figuren, die sich in verschiedenen Lagen befinden aber durch Spiegelung, Drehung und Verschiebung zur Deckung gebracht werden können, nennt man kongruent.

Kongruenzsätze für Dreiecke 27

Zwei Dreiecke sind kongruent, wenn sie in drei Stücken übereinstimmen: sss, sws, wsw (vgl. Dreiecke, eindeutig konstruierbar).

Konstruktion 17; 27; 28

Für geometrische Konstruktionen werden nur Zirkel und Lineal verwendet.

Konstruktionsbeschreibung 17

Eine Konstruktionsbeschreibung muss alle Konstruktionsschritte eindeutig und genau beschreiben, sodass jemand, der nur die Beschreibung liest und die Konstruktion nicht kennt, genau die gewünschte Konstruktion ausführen kann.

Koordinaten 7; 30; 34

Koordinatensystem 7; 30

Punkte können mit Koordinaten bezeichnet werden. (x|y) ist die Koordinatenschreibweise für die Lage eines Punktes im Koordinatensystem.
Ein (kartesisches) Koordinatensystem wird durch zwei senkrecht aufeinander stehende Achsen gebildet. (0|0) bezeichnet man als Ursprung. Die erste Koordinate gibt den horizontalen Abstand des Punktes zum Ursprung und die zweite Koordinate den vertikalen Abstand des Punktes zum Ursprung an.

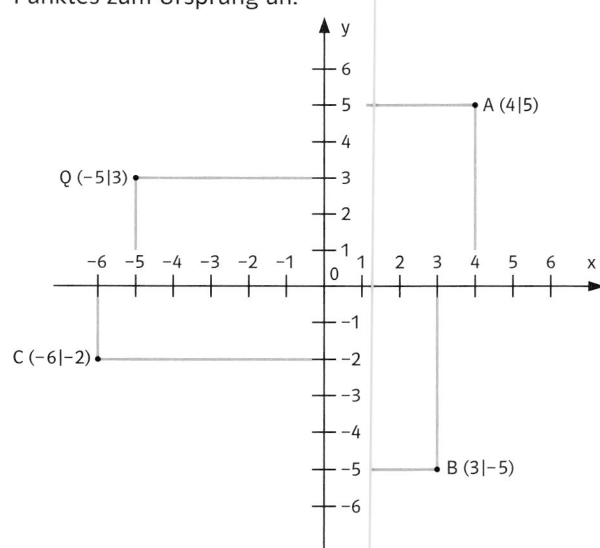

Körperhöhe 9

(vgl. Prisma)

Kreis 7; 34

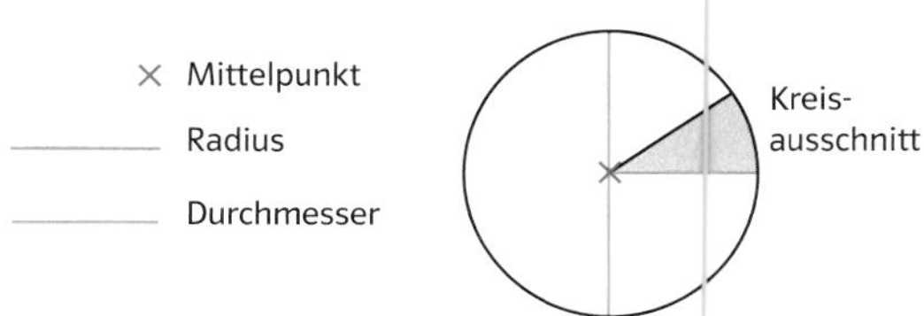

Kreislinie 34

Kreismuster 28

Kreisumfang 7

Der Kreisumfang ist bei jedem Kreis etwa drei Mal so lang wie sein Durchmesser.

Kreisdiagramm 25

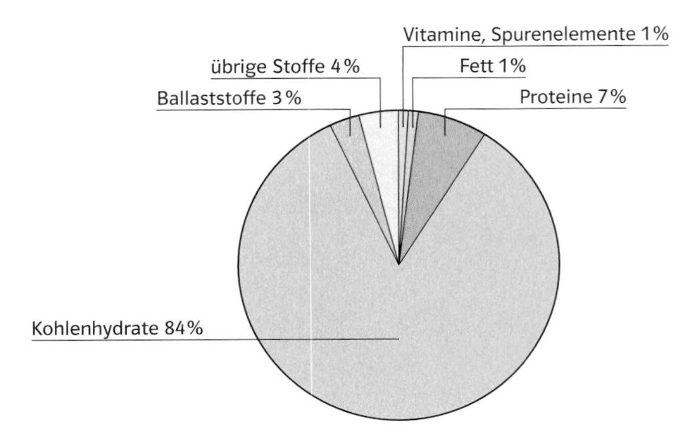

kubik- 16

Man bezeichnet Größen in der dritten Potenz auch mit der Vorsilbe Kubik- z. B., m^3 „Kubik"meter

L

Längen 1, 4

(Einheiten und Umrechnung vgl. Tabelle im Anhang)

Lot 17

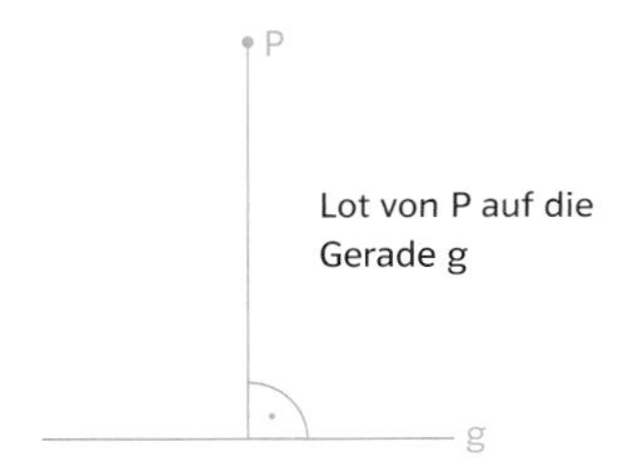

M

Mantel, Mantelfläche 9

(vgl. Prisma)

Masse 1, 4

(Einheiten und Umrechnung vgl. Tabelle im Anhang)

Maßstab 24; 34

Maßstab 1:200 bedeutet, dass 1 mm in der Zeichnung 200 mm (= 20 cm) im Original entspricht.

mathematische Skizze 15

(vgl. Modellieren)

Median 26

(vgl. Zentralwert)

mega 1

(s. Tabelle unter Stufenzahlen)

mikro 1

(s. Tabelle unter Stufenzahlen)

milli 1

(s. Tabelle unter Stufenzahlen)

Milliarde 2

10^9

Mittelsenkrechte 17

Die Gerade, die senkrecht auf der Mitte der Strecke zwischen zwei Punkten A und B steht, heißt Mittelsenkrechte der beiden Punkte. Alle Punkte, die gleichen Abstand von den beiden Punkten A und B haben, liegen auf der Mittelsenkrechten zu $\overline{AB}$.

Mittelwerte 26

Verschiedene Werte bzw. Daten können durch Mittelwerte zusammengefasst werden. Geeignete Mittelwerte sind das arithmetische Mittel und der Zentralwert.

Modellieren 15

Modellieren bedeutet, eine Realsituation in ein (vereinfachtes) mathematisches Modell (wie Skizze, Tabelle, Term oder Gleichung) zu übertragen. Die Mathematik hilft dann beim Lösen des Problems. Die Lösung muss wieder in die Alltagssituation zurückübersetzt werden.

Multiplikation, multiplizieren 6; 16

Multiplizieren bedeutet malnehmen oder auch vervielfachen. Das Malnehmen heißt Multiplikation.

N

natürliche Zahl 11

Die Zahlen 1; 2; 3; 4 ... heißen natürliche Zahlen. Manchmal wird auch die 0 dazu gezählt.

Nebenwinkel 27

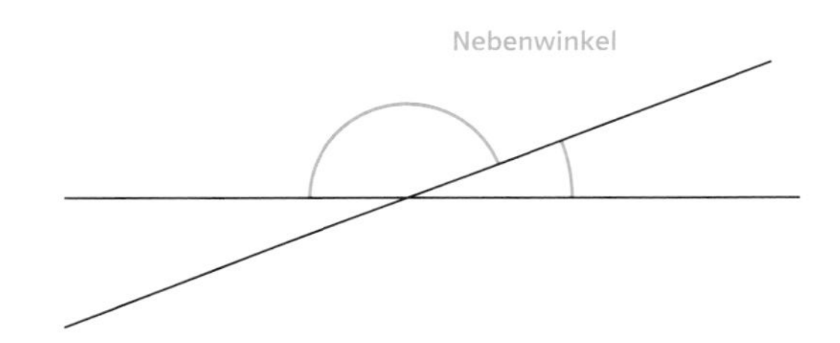

negative Zahl 3

Positive Zahlen und negative Zahlen unterscheiden sich durch das Vorzeichen. −4 ist eine negative Zahl, +3,5 eine positive.

Multipliziert man zwei positive bzw. zwei negative Zahlen miteinander, so ist das Produkt positiv.

Multipliziert man eine negative und eine positive Zahl miteinander, so ist das Produkt negativ.

Nenner 10; 11; 19

(vgl. Bruch)

Netz 9; 12

Im Netz eines Körpers sieht man alle Seitenflächen in

einer Ebene. Hier das Netz eines Dreiecksprismas:

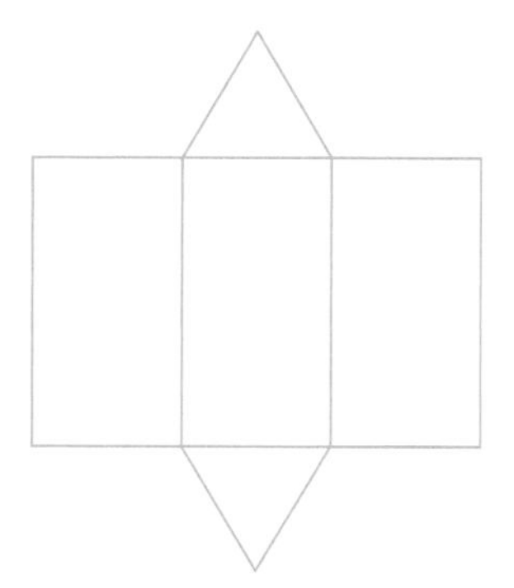

Nullpunkt 30
(vgl. Ursprung)

O

Oberfläche 9
Die Oberfläche eines Körpers ist die Summe der Flächeninhalte aller Begrenzungsflächen.

Ornamente 28

P

parallel 27; 33
Zwei Geraden oder Strecken, die zur selben Geraden senkrecht stehen, sind parallel.
So kannst du parallele Geraden mit dem Geodreieck zeichnen.

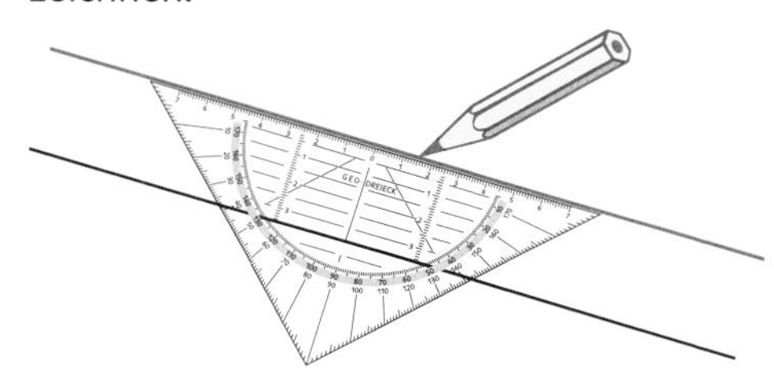

Parallelogramm 9
Ein Viereck, bei dem die jeweils gegenüberliegenden Seiten parallel sind, heißt Parallelogramm.

positive Zahl 3
(vgl. negative Zahl)

Potenz 16
Die mehrfache Multiplikation gleicher Faktoren schreibt man als Potenz: $a \cdot a \cdot a \cdot a = a^4$
allgemein mit n gleichen Faktoren a: a^n a heißt Basis und n Exponent
Es gilt für alle a: $a^x \cdot a^y = a^{x+y}$
und für $a \neq 0$: $a^x : a^y = a^{x-y}$
Daher muss auch gelten: $a^1 = a$ und $a^0 = 1$.

Primfaktoren 6
Ist ein Faktor einer Zahl eine Primzahl, so spricht man vom Primfaktor. Jede natürliche Zahl, die nicht selbst Primzahl ist, lässt sich eindeutig als Produkt aus Primfaktoren darstellen.

Primzahl 6
Eine natürliche Zahl, die genau zwei verschiedene Teiler hat, heißt Primzahl.

Prisma 9
Ein Prisma ist ein Körper, dessen Grundfläche ein Vieleck ist, dessen Grundfläche und Deckfläche kongruent sind und dessen Seitenflächen Rechtecke sind, die (beim geraden Prisma) senkrecht auf Grund- und Deckfläche stehen.

Prismen

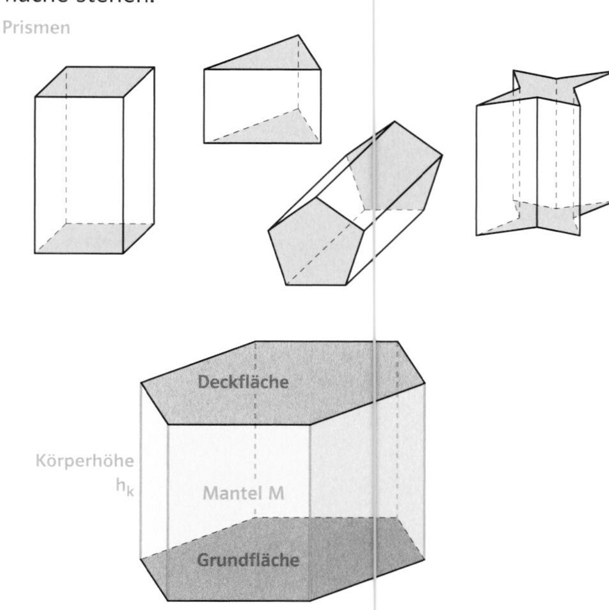

Die Seitenflächen bilden den sogenannten Mantel bzw. die Mantelfläche des Prismas.
Den Abstand zwischen Grund- und Deckfläche bezeichnet man als Körperhöhe.

Produkt 16; 31
Das Ergebnis einer Multiplikation nennt man Produkt.

Promille 19
Promille bedeutet von Tausend. 10 ‰ = 10 Promille = 1 Prozent.

Proportionalität 7; 18; 23
Mit Proportionalitätstabellen lassen sich viele Situationen im Alltag mathematisch beschreiben. Preistabellen stellen ein Beispiel dar: Zu jeder Warenmenge gehört ein bestimmter Preis.
Proportionalitätstabellen haben folgende Eigenschaften:
(1) Verdoppelt (verdreifacht, vervierfacht, ...) man eine Größe in der ersten Spalte, so verdoppelt (verdreifacht, vervierfacht, ...) sich auch die entsprechende Größe in der anderen Spalte.
(2) Halbiert (drittelt, viertelt,...) man eine Größe in der

ersten Spalte, so halbiert (drittelt, viertelt,...) sich auch die entsprechende Größe in der anderen Spalte.
(3) Addiert (subtrahiert) man zwei Größen in der einen Spalte, so addiert (subtrahiert) man auch die entsprechenden Größen in der anderen Spalte.
(4) Das Verhältnis zweier zugeordneter Größen ist immer gleich.

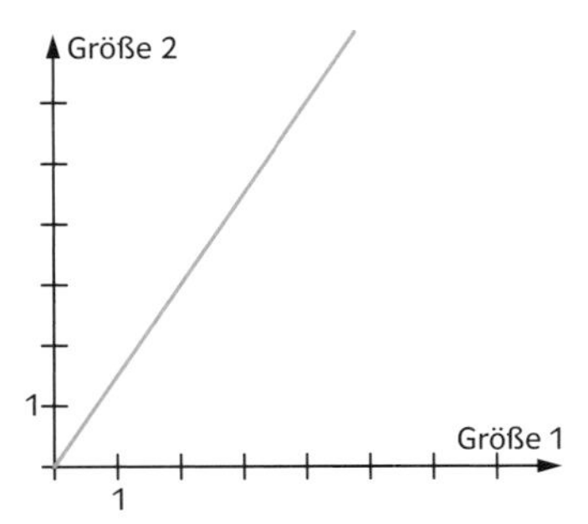

Nicht jede Situation im Alltag lässt sich durch Proportionalitätstabellen beschreiben. Preistabellen, die für große Mengen einen Rabatt berücksichtigen, stellen ein Gegenbeispiel dar.

Prozent 19; 20; 23
Prozent bedeutet pro hundert Teile.
1 Prozent = 1% = $\frac{1}{100}$

Prozentsatz 20; 23
Gibt man Anteile in Prozent an, dann spricht man von Prozentsätzen.

Prozentwert 23
Bei festem Grundwert Gw ist der Prozentwert Pw proportional zum Prozentsatz Ps: Pw = Gw · Ps

Prüfziffer 29

Punkt 30
Zwei nicht parallele Geraden schneiden sich in einem Punkt.

Punktrechnung 16
Da die Rechenzeichen · und : nur aus Punkten bestehen, werden Multiplikation und Division auch Punktrechnungen genannt.
Punktrechnung geht vor Strichrechnung.

Punktsymmetrie 22; 28
Das Zentrum der Punktsymmetrie heißt Symmetriepunkt. Die Punktspiegelung entspricht der Drehung um 180°.

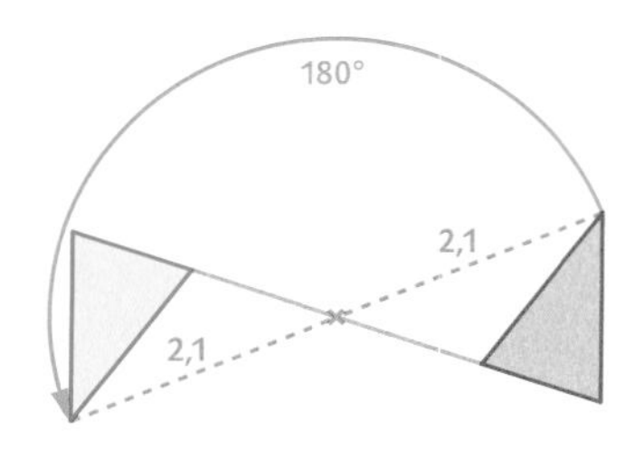

Q

Quader 9
Ein Prisma mit rechteckiger Grundfläche heißt Quader.

Quadrant 30
Die beiden Achsen teilen das rechtwinklige (kartesische) Koordinatensystem in vier Quadranten.

Quadrat 9
Ein Rechteck mit vier gleich langen Seiten heißt Quadrat.

Quadratzahl 6
Eine Zahl heißt Quadratzahl, wenn sie sich als Produkt von zwei gleichen Faktoren darstellen lässt, z. B. 25 = 5 · 5

Quartil, unteres Quartil, oberes Quartil, Quartilabstand 26; 32
Der Wert, der das untere Viertel der Daten einer Rangliste begrenzt, heißt unteres Quartil q_u, der Wert, der das obere Viertel begrenzt, heißt oberes Quartil q_o.
Der Unterschied zwischen q_u und q_o heißt Quartilabstand q.
Mindestens 25% aller Daten sind kleiner oder gleich q_u.
Mindestens 50% aller Daten liegen zwischen q_u und q_o.

Quersumme (Mathematikbuch 6)
Die Summe der Ziffern einer Zahl heißt Quersumme der Zahl, z. B. hat 679 die Quersumme 6 + 7 + 9 = 22
(vgl. auch Teilbarkeit)

Quotient 3; 11; 19
Das Ergebnis einer Division nennt man Quotient.

R

Radius 28
(vgl. Kreis)

Rangliste 26
Eine Liste, in der die Daten einer Erhebung der Größe nach sortiert sind, heißt Rangliste.

Rauminhalt 9
Man kann den Rauminhalt (das Volumen) eines Körpers durch Vergleich mit Einheitswürfeln bestimmen.
Das Volumen (der Rauminhalt) des Quaders ist das Produkt aus seiner Länge, Höhe und Breite (Anzahl der Einheitswürfel in der Länge der Breite und der Höhe).

rationale Zahlen 11
Alle Zahlen, die sich als Bruch (d. h. als Verhältnis oder „ratio“) schreiben lassen, heißen rationale Zahlen.

Rechenbaum 16

Rechteck 9
Ein Viereck mit 4 rechten Winkeln heißt Rechteck.
Der Umfang eines Rechtecks ist die Summe aller Seitenlängen.

rechtwinklig 27; 30

Zueinander senkrechte Geraden oder Strecken bilden rechte Winkel.

Ein Dreieck heißt rechtwinklig, wenn es einen rechten Winkel hat.

regelmäßige (reguläre) Vielecke 9

Ein Dreieck, Viereck, ... bzw. Vieleck mit lauter gleich langen Seiten und gleich großen Innenwinkeln heißt regelmäßiges (reguläres) Dreieck, Viereck, ... bzw. Vieleck. Regelmäßige Dreiecke heißen auch gleichseitige Dreiecke.

relative Häufigkeit 20

Den Anteil der absoluten Häufigkeiten an der Gesamtzahl der Versuche nennt man relative Häufigkeit.

Rest 5

Wird eine natürliche Zahl durch eine natürliche Zahl geteilt, die nicht Teiler der Zahl ist, so bleibt beim Teilen (sofern man innerhalb der natürlichen Zahlen bleiben möchte) ein Rest.

S

Säulendiagramm 25

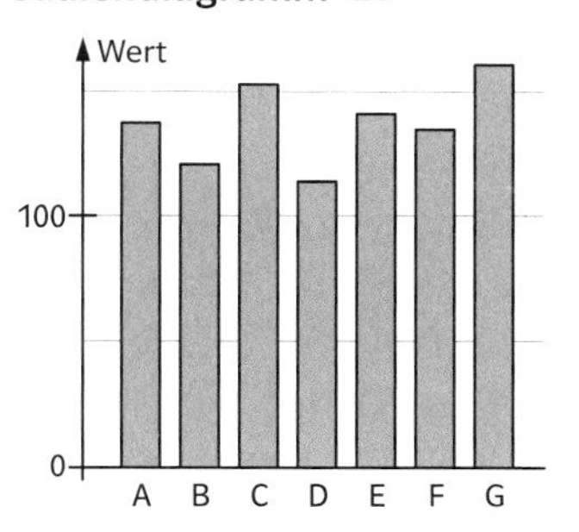

Scheitelwinkel 27

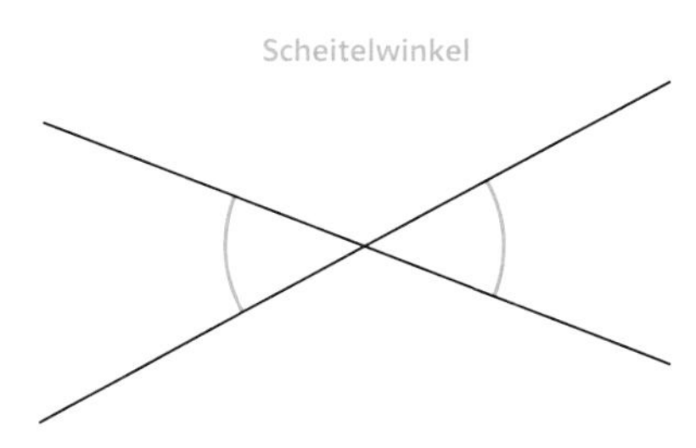

Scheitelwinkel sind gleich groß.

Schrägbild 12

Körper zeichnet man im Schrägbild um einen räumlichen Eindruck zu bekommen.

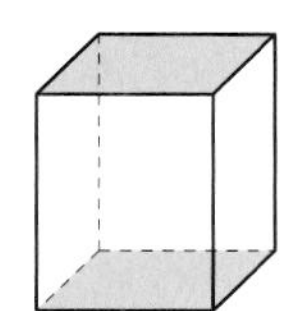

Seitenansicht 9

senkrecht 9; 17; 28

Geraden oder Strecken, die so zueinander liegen wie die Mittellinie und die lange Seite des Geodreiecks, sind zueinander senkrecht.

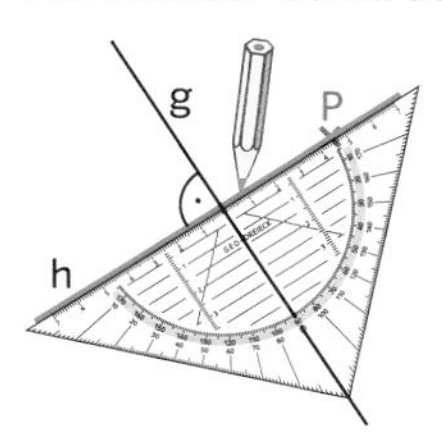

So zeichnest du senkrechte Strecken mit dem Geodreieck.

Skala 26, 30

Spannweite 26

Der Abstand zwischen Minimum und Maximum einer Datenreihe heißt Spannweite.

Stellenwerttafel 2

Im Kopf der Stellenwerttafel werden die Stufenzahlen eingetragen.

T	H	Z	E	z	h	t

Strahl 28

Verlängert man eine Strecke $\overline{AB}$ beliebig weit über ihren Endpunkt B hinaus, so erhält man einen Strahl mit dem Anfangspunkt A.

Strecke 17

Eine Strecke ist die geradlinige Verbindung von zwei Punkten.

Strichliste 25

Strichrechnung 16

Da die Rechenzeichen + und − nur aus Strichen bestehen, werden die Addition und die Subtraktion auch Strichrechnungen genannt.

Punktrechnung geht vor Strichrechnung.

Stufenwinkel 27

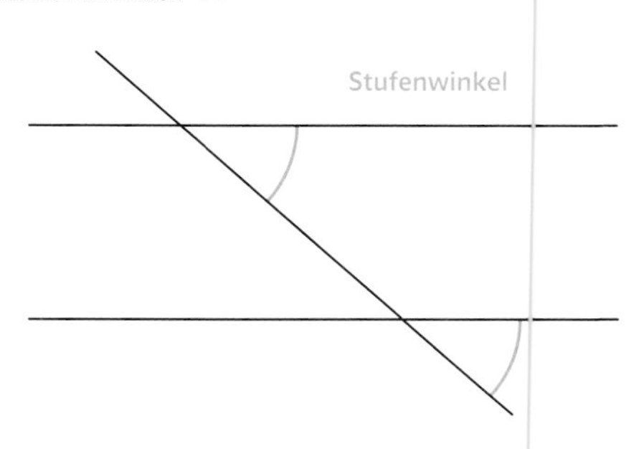

Schneidet eine Gerade zwei parallele Geraden, so gilt: Stufenwinkel sind gleich groß.

Stufenzahlen 1

Stufenzahlen	Vorsilben und ihre Bedeutung
1000000	M = Mega = Million
1000	k = kilo = Tausend
100	h = hekto = Hundert
10	da = deka = Zehn
1	
0,1	d = dezi = Zehntel
0,01	c = zenti = Hundertsel
0,001	m = milli = Tausendstel
0,000 001	µ = mikro = Millionstel

subtrahieren, Subtraktion 11
Subtrahieren bedeutet, eine Zahl von einer anderen abzuziehen.
Das Abziehen heißt Subtraktion.

Summe 10; 16; 31
Das Ergebnis einer Addition nennt man Summe.

Symmetrie; symmetrisch 22; 28
Figuren können verschiedene Symmetrien aufweisen: Achsensymmetrie, Drehsymmetrie, Punktsymmetrie; Verschiebung

Symmetrieachse 22
(vgl. Achsensymmetrie)

Symmetriezentrum 22
(vgl. Punktsymmetrie)

T

Teilbarkeit 5
Eine Zahl ist genau dann durch 3 bzw. 9 teilbar, wenn ihre Quersumme durch 3 bzw. 9 teilbar ist.

Teiler 6
Ist eine natürliche Zahl ohne Rest durch eine andere natürliche Zahl teilbar, so ist diese Zahl Teiler der Zahl. Zwei Zahlen können gemeinsame Teiler haben, wie z. B. 5 und 15 gemeinsame Teiler von 15 und 30 sind. Unter den gemeinsamen Teilern gibt es einen größten, den größten gemeinsamen Teiler, abgekürzt: ggT.

Term 3; 8; 14; 15; 18; 24; 31
Terme sind Rechenausdrücke aus Zahlen, Rechenzeichen und evtl. Klammern. Manchmal stehen auch Variablen (Buchstaben) für Zahlen. Die Gesetze, die für das Rechnen mit Zahlen gelten, gelten auch für das Rechnen mit Termen.

Trapez 9
Ein Viereck mit zwei parallelen Seiten heißt Trapez.

Trillion 2
10^{18}

Trilliarde 2
10^{21}

U

Umfang 9
Der Umfang einer geschlossenen Figur ist die Summe aller Seitenlängen.

umgekehrt proportional 18
(vgl. antiproportional)

Urliste 25
Eine ungeordnete Zusammenstellung gemessener oder beobachteter Werte nennt man Urliste.

Ursprung 30
(vgl. Koordinatensystem)

V

Variable 8; 10; 11; 14; 23; 31
Buchstaben oder andere Zeichen, die für x-beliebige Zahlen stehen, nennt man Variablen.

vergrößern, verkleinern 28

Vergrößerung, Vergrößerungsfaktor 28
Vergrößert man eine Figur maßstäblich, dann spricht man auch im mathematischen Sinne von einer Vergrößerung. Um entsprechende Längen zu vergleichen, benutzt man den Begriff Vergrößerungsfaktor.

Verhältnis 11
Verhältnis 1 : 3 bedeutet beispielsweise 1 Teil Sirup auf 3 Teile Wasser. Vom Ganzen ist dann $\frac{1}{4}$ Sirup; verglichen mit der Wassermenge ist die Sirupmenge $\frac{1}{3}$.

Verkleinerung, Verkleinerungsfaktor 28
(vgl. Vergrößerung, Vergrößerungsfaktor, entsprechendes gilt für die Verkleinerung)

Verschiebung 28

Vielecke 9
(vgl. auch regelmäßige Vielecke)

Vielfache 6
Multipliziert man eine Zahl mit 1; 2; 3; ..., so entstehen die Vielfachen der Zahl. Zwei Zahlen können gemeinsame Vielfache haben, wie z. B. 10; 20; 30 ... gemeinsame Vielfache von 5 und 10 sind. Unter diesen gibt es ein kleinstes gemeinsames Vielfaches, abgekürzt: kgV.

Viereck 9

Volumen 9
(vgl. Rauminhalt; Einheiten und Umrechnungen vgl. Tabelle im Anhang)

Volumen eines Prismas 9
Das Volumen V eines Prismas lässt sich mithilfe des Flächeninhalts G der Grundfläche und der Körperhöhe h_K berechnen: $V = G \cdot h_K$

Vorzeichen 3
(vgl. negative Zahl)

W

Wahrscheinlichkeit (Mathematikbuch 6)
Führt man ein Zufallsexperiment sehr oft aus, dann liegt die relative Häufigkeit eines Ereignisses meist ganz nah bei einem festen Wert. Diesen Wert kann man für Vorhersagen (Prognosen) nutzen. Man nennt diesen festen Wert Wahrscheinlichkeit des Ereignisses.

Wechselwinkel 27

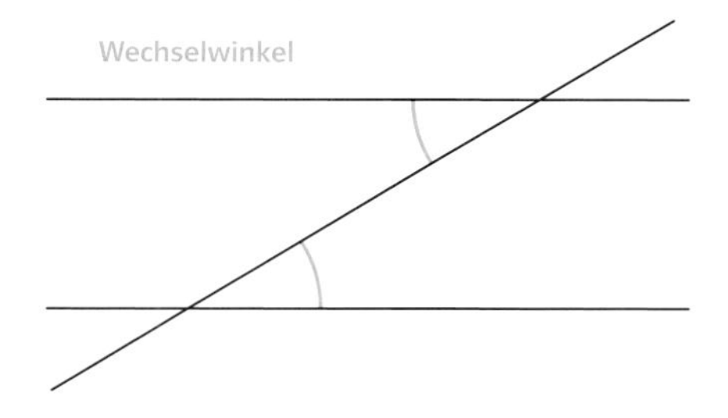

Wert eines Terms 8

Wertetabelle 7
Zusammenhänge zwischen Größen können in Wertetabellen festgehalten werden.

Winkel 27
Der volle Winkel ist unterteilt in 360 Grad.
Zwei Geraden, die senkrecht aufeinander stehen, bilden vier rechte Winkel, jeder von ihnen hat eine Winkelgröße von 90°.
Zwei Geraden, die nicht senkrecht aufeinander stehen, bilden zwei spitze Winkel mit weniger als 90° und zwei stumpfe Winkel mit mehr als 90°, aber weniger als 180°.
Der gestreckte Winkel hat eine Größe von 180°, der überstumpfe Winkel ist größer als 180° und kleiner als 360°.

Winkelhalbierende 17
Die Gerade, deren Punkte jeweils den gleichen Abstand zu beiden Schenkeln eines Winkels haben, heißt Winkelhalbierende.

X

x-Achse 30
(vgl. Koordinatensystem)

Y

y-Achse 30
(vgl. Koordinatensystem)

Z

Zahlenstrahl, Zahlengerade 30
Der Zahlenstrahl kann mit den negativen Zahlen zur Zahlengeraden erweitert werden.

Negative Zahlen | Positive Zahlen

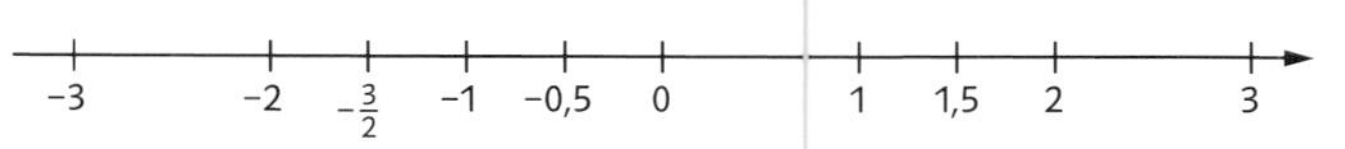

Zähler 10; 11; 19
(vgl. Bruch)

Zehnerpotenz 2, 6
Potenzen mit der Basis 10 werden benutzt um große Zahlen vereinfacht darstellen zu können (s. auch Milliarde, Billion, Billiarde, …)

Zeitpunkt, Zeitspanne, Zeitdifferenz 5
Man unterscheidet zwischen Zeitspannen („wie lange?") und Zeitpunkten („wann?"). Zwischen zwei Zeitpunkten liegt jeweils eine Zeitspanne.

zenti 1
(s. Tabelle unter deka)

Zentralwert 26
Man bestimmt den Zentralwert, indem man den Wert heraussucht, der in der Mitte der nach Größe geordneten Werte liegt. Bei lauter verschiedenen Werten sind dann gleich viele Werte kleiner und gleich viele größer als der herausgesuchte Wert. Kann man die Mitte nicht genau bestimmen, so nimmt man das arithmetische Mittel der beiden mittleren Werte. Gelegentlich wird der Zentralwert auch Median genannt.

Zufallsexperiment (Mathematikbuch 6)
Ein Experiment, dessen Ausgang nicht genau vorhergesagt werden kann, heißt Zufallsexperiment. Beispiele sind Würfeln, Münze werfen, Glücksrad drehen …

zusammengesetzte Figuren 9
Flächen (oder Körper), die aus einfachen Teilflächen (oder Teilkörpern) zusammengesetzt sind, lassen sich berechnen, in dem man sie in bekannte Teilflächen (oder Teilkörper) zerlegt und diese berechnet.

Zusammenhang, funktionaler 18

Geld							1000 €	: 10 → / · 10 ←	100 €	: 10 → / · 10 ←	10 €	: 10 → / · 10 ←	**1 €**	: 10 → / · 10 ←	10 ct	: 10 → / · 10 ←	**1 ct**		
Gewichte (Massen)	**1 t**	: 10 → / · 10 ←	100 kg	: 10 → / · 10 ←	10 kg	: 10 → / · 10 ←	**1 kg**	: 10 → / · 10 ←	100 g	: 10 → / · 10 ←	10 g	: 10 → / · 10 ←	**1 g**	: 10 → / · 10 ←	100 mg	: 10 → / · 10 ←	10 mg	: 10 → / · 10 ←	**1 mg**
Längen							**1 km**	: 10 → / · 10 ←	100 m	: 10 → / · 10 ←	10 m	: 10 → / · 10 ←	**1 m**	: 10 → / · 10 ←	**1 dm**	: 10 → / · 10 ←	**1 cm**	: 10 → / · 10 ←	**1 mm**
Flächenmaße							**1 km^2**	: 100 → / · 100 ←	1 ha	: 100 → / · 100 ←	1 a	: 100 → / · 100 ←	**1 m^2**	: 100 → / · 100 ←	**1 dm^2**	: 100 → / · 100 ←	**1 cm^2**	: 100 → / · 100 ←	**1 mm^2**
Raummaße							**1 km^3**						**1 m^3**	: 1000 → / · 1000 ←	**1 dm^3** = 1 l	: 1000 → / · 1000 ←	**1 cm^3** = 1 ml	: 1000 → / · 1000 ←	**1 mm^3**
Hohlmaße							10 hl	: 10 → / · 10 ←	**1 hl**	: 10 → / · 10 ←	10 l	: 10 → / · 10 ←	**1 l** = 1 dm^3	: 10 → / · 10 ←	**1 dl**	: 10 → / · 10 ←	**1 cl**	: 10 → / · 10 ←	**1 ml** = 1 cm^3
Zeit							**1 Tag**	: 24 → / · 24 ←	**1 h**	: 60 → / · 60 ←	**1 min**	: 60 → / · 60 ←	**1 s**	: 10 → / · 10 ←	$\frac{1}{10}$ s	: 10 → / · 10 ←	$\frac{1}{100}$ s	: 10 → / · 10 ←	$\frac{1}{1000}$ s